U0791672

电力消防技术

国网江苏省电力有限公司电力科学研究院　组编

中国电力出版社
CHINA ELECTRIC POWER PRESS

内 容 提 要

本书围绕电力设备消防安全，阐述变电站、储能电站、电力电缆以及输电线路发生火灾的主要原因，介绍重要场所的防火管理、火灾与报警、初期火灾的扑救和特殊火灾的紧急处置。本书共七章，第 1 章介绍电力消防基础知识；第 2 章介绍消防设施设备；第 3～6 章介绍变电站、电化学储能电站、电力电缆和输电线路防山火技术、防火规范及消防技术；第 7 章结合实际工程案例介绍常见的灭火系统。

本书可作为电力企业消防安全和技术培训教材，也可作为高等院校消防工程、电气工程等专业的教学参考书，还可供从事电气工作的工程技术人员、消防人员自学和查阅使用。

图书在版编目（CIP）数据

电力消防技术 / 国网江苏省电力有限公司电力科学研究院组编．—北京：中国电力出版社，2020.12（2025.6 重印）

ISBN 978-7-5198-5198-9

Ⅰ．①电…　Ⅱ．①国…　Ⅲ．①电力工业–消防–基本知识　Ⅳ．①TM08

中国版本图书馆 CIP 数据核字（2020）第 241720 号

出版发行：中国电力出版社
地　　址：北京市东城区北京站西街 19 号（邮政编码 100005）
网　　址：http://www.cepp.sgcc.com.cn
责任编辑：刘丽平　王蔓莉
责任校对：王小鹏
装帧设计：张俊霞
责任印制：石　雷

印　　刷：固安县铭成印刷有限公司
版　　次：2020 年 12 月第一版
印　　次：2025 年 6 月北京第二次印刷
开　　本：787 毫米×1092 毫米　16 开本
印　　张：11
字　　数：253 千字
印　　数：2001—2500 册
定　　价：55.00 元

版 权 专 有　侵 权 必 究

本书如有印装质量问题，我社营销中心负责退换

编 委 会

主　任　陈　庆

副主任　许志龙　李来福　王　海

委　员　黄　强　王铭民　周志成　薄　斌　郭成功

编 写 组

组　长　黄　强

副组长　孙志明　朱孟周

成　员　郭鹏宇　梁　伟　陆云才　孙　磊　李陈莹

陶风波　叶会生　岳一石　陶玉波　周建华

许栋栋　张　森　黄浩声　张　恒　李虎成

黄哲忱　郑金平　韦永忠　刘沪平　周　琦

张　丽　尹康涌　王静君　贾萌萌　姚　楠

陈　曦　高　健　胡志勇　周　杰　周　宇

张　煜　朱　睿

前言

随着新能源、新材料、新设备的广泛开发应用，变电站内存在越来越多的高电压、大电流设备，密布着电力电缆，存储并使用大量的易燃、可燃物质，使得火灾发生的危险性越来越高，严重威胁整个电力系统的安全运行。

近年来，国网江苏省电力有限公司高度重视消防工作，始终坚持“预防为主、防消结合”的方针，不断加强组织领导，将其纳入安全生产体系进行严格考核，有效防范了各类重特大火灾事故的发生，确保了员工人身安全和企业生产安全，确保了电网安全运行和电力可靠供应。国网江苏省电力有限公司安全监察质量部在探索中实践，汇聚多年的劳动成果，编写本书。

本书集知识性、实用性、指导性于一体，贴近变电站工作实际，是江苏省电力消防安全工作经验的结晶。本书将理论与实际结合，图文并茂、深入浅出地介绍了各类灭火剂、火灾探测器、防火阻燃材料和消防装备，重点分析了变电站火灾、电力电缆火灾、储能电站火灾及山火的起火原因和造成的影响，研究了电力火灾的防范措施和消防技术，并辅以具体工程案例供消防建设参考。它的付梓印刷，对于变电站员工掌握火灾科学的基本理论，掌握各类电力设施、设备的消防安全技术，掌握消防法规、防灭火工程技术和灭火救援技术，提高公司抵御火灾的整体能力有着非常积极的作用。

由于时间仓促，书中不妥之处在所难免，敬请读者和同行给予批评指正。

编　者

2020.9

目录

1　电力消防基础知识

随着电力需求的日益增加和电网的迅速发展，越来越多的电力设备投入使用，这些设备、设施包含大量的电缆聚合物、变压器油、绝缘纸等可燃物。当设备长时间或超负荷运行时，容易因绝缘老化产生短路、过流、过载、漏电等状况，从而诱发火灾。因此，了解电力设备火灾特点、掌握灭火方法非常重要。

本章介绍燃烧的本质和火灾的分类，阐述电力设备火灾产生的原因、特点和危害，分析电力设备火灾的产生原因及危害，并介绍防火、灭火及电力设备火灾的扑救方法。

1.1　火　　灾

1.1.1　燃烧的本质

1.1.1.1　燃烧的概念

燃烧，俗称“着火”，是可燃物质与氧化剂作用发生的一种放热、发光的剧烈化学反应。

国家标准 GB 5907—2014《消防基本术语》规定：燃烧是可燃物与氧化剂作用发生的放热反应，通常伴有火焰、发光和（或）发烟的现象。可燃物在燃烧过程中，生成了与原来物质完全不同的新物质。例如：

$$C + O_2 \xrightarrow{\text{点燃}} CO_2$$

$$CH_4 + 2O_2 \xrightarrow{\text{点燃}} CO_2 + 2H_2O$$

燃烧不仅在空气（氧气）中能发生，在其他氧化剂中也能发生，例如氢气在氯气中燃烧，其反应原理如图 1－1 所示。

$$H_2 + Cl_2 \xrightarrow{\text{点燃}} 2HCl$$

燃烧不仅有化合反应，也有分解反应，从本质上来说，燃烧是一类特殊的、剧烈的氧化还原反应。

$$2Mg + CO_2 \xrightarrow{\text{点燃}} 2MgO + C$$

$$4C_3H_5(ONO_2)_3 \xrightarrow{\text{点燃}} 12CO_2 + 10H_2O + O_2 + 6N_2$$

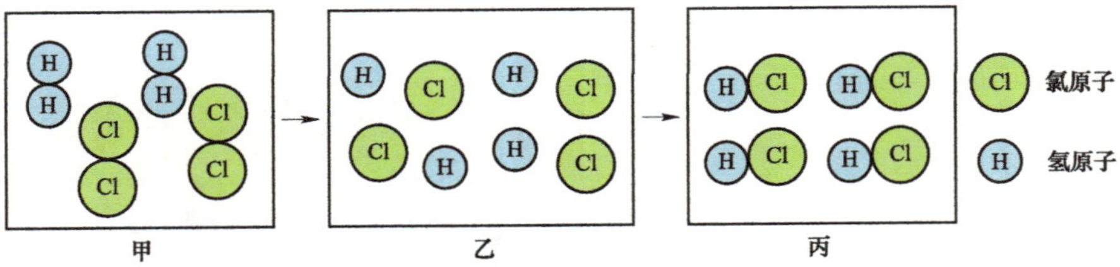

图 1-1　氢气与氯气反应原理图

燃烧反应是必须同时存在发光放热现象的反应，火焰即为火放热发光的物理现象。燃烧时发光的主要原因：① 白炽的固体粒子，如火焰中的碳粒；② 某些不稳定（或受激发）的中间物质。物质放热的原因是在化学反应时有旧键的断裂和新键的生成。断键时要吸收能量，成键时又放出能量，且断键时吸收的能量要比成键时放出的能量少，所以燃烧都是放热反应。

1.1.1.2　燃烧与氧化

燃烧是可燃物质与氧或其他氧化剂进行的氧化还原反应。由于氧化速度的不同，有些是燃烧反应，有些是一般的氧化反应。剧烈氧化的结果是放热发光，称为燃烧；而一般氧化仅是缓慢的化学反应，达不到剧烈的程度，产生的热量较小，并又随时散发掉，没有发光现象，因而不是燃烧。所以，氧化与燃烧是同一种化学反应，只是反应的速度和产生的现象不同。图 1-2 为木材燃烧和铁生锈，可以看出燃烧与氧化的区别，氧化包括燃烧，而燃烧则是氧化反应的特例。

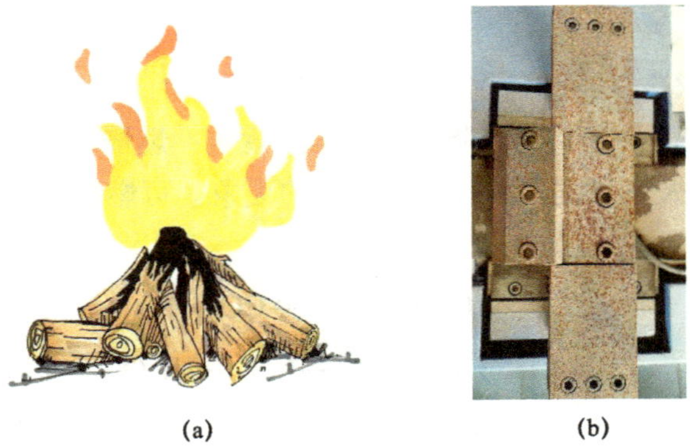

图 1-2　燃烧与氧化

（a）木柴燃烧（发光、放热）；（b）铁生锈（颜色改变）

判断物质是否发生了燃烧反应，可根据化学反应、放出热量、发出光亮这三个特征，把火这个燃烧现象与非燃烧现象区别开来。物质氧化通常在燃烧过程之前就已发生，只是在一定条件下才转为燃烧。不同的可燃物质开始氧化的温度不同，主要取决于可燃物质分子的结构和分子量，其一般规律是：

（1）同系物的氧化初温随其分子量的增大而降低。例如甲烷在 400℃以上时，才能发生氧化，乙烷在 400℃时能剧烈氧化，辛烷在 250℃时就能剧烈氧化。

（2）异构体比正构体难于氧化。同系物中正构体的氧化初温低于异构体，分子碳架分支越多，分子越难于氧化。例如正辛烷 250℃能剧烈的氧化，而它的异构体 2,2,4－三甲基戊烷却要在 500℃时，才能开始氧化。

（3）芳烃的氧化初温比分子中含有相同碳原子数的饱和烃和不饱和烃要高。例如苯在 500℃以上才能氧化，而己烷 300℃时就能氧化。具有侧链的芳烃能在较低温度下氧化。

（4）含氧有机化合物的氧化初温比分子中含有相同碳原子数的饱和烃要低得多。例如乙醚氧化时能生成过氧化物，常常在蒸馏、灌注过程中成为着火的原因。

氧化初温低的物质有较高的自燃风险，特别是有些物质在氧化过程中能够自行加热，引起着火，例如黄磷暴露在空气中就会自行着火。直接火源温度高于初始氧化温度，其危险性更大，例如甲烷在空气中遇到火源即能着火甚至爆炸。

1.1.1.3 起火物质分类

按照物质形态，起火物质可分为固态物质、液态物质和气态物质。固态物质的燃烧方式和燃烧特性分为五种：① 熔融蒸发燃烧，硫、磷、钾、钠、蜡烛、松香、沥青等可燃固体，在受到火源加热时，先熔融蒸发，随后蒸气与氧气发生燃烧反应；② 表面燃烧，木炭、焦炭、铁、铜等可燃固体的表面由氧和物质直接作用而发生的燃烧反应；③ 热分解燃烧，木材、煤、合成塑料、钙塑材料等可燃固体受到火源加热时发生热分解，分解出的可燃挥发成分与氧发生燃烧反应；④ 熏烟燃烧（阴燃），可燃固体在空气不流通、加热温度较低、分解出的可燃挥发成分较少或逸散较快、含水分较多等条件下，只冒烟而无火焰的燃烧；⑤ 动力燃烧（爆炸），可燃固体或其分解析出的可燃挥发成分遇火源发生的爆炸式燃烧，主要包括可燃粉尘爆炸、炸药爆炸、轰燃等几种情形。

液态物质的燃烧方式和燃烧特性分为三种：① 闪燃，易燃或可燃液体挥发出来的蒸气分子与空气混合后，达到一定的浓度，遇引火源产生一闪即灭的现象，是引起火灾事故的先兆之一；② 沸溢，燃烧过程中，沸程较宽的重质油品产生热波向液体深层运动，使油品中的乳化水气化，大量的蒸气穿过油层向液面上浮，形成油包气的气泡，使液体体积膨胀向外溢出，未形成泡沫的油品被下面的蒸气膨胀力抛出使液面沸腾；③ 喷溅，重质油品燃烧过程中，热波向下传播的距离加大，当热波达到水垫时，水垫的水大量蒸发，蒸气体积迅速膨胀，把水垫上面的液体层抛向空中，向外喷射。

气态物质的燃烧比固体和液体物质容易得多，不需要熔化、气化等过程，将气体加热到自燃点就会燃烧，所需点火能量低。简单气体燃烧只需经过受热、氧化过程，复杂的气体燃烧需要受热、热分解、氧化等过程。

生产厂房中堆积着大量可燃的原料、半成品、成品，它们周围有火源；化工厂工艺设备内的可燃气体、易燃可燃液体在高温高压下进行各种理化反应，管道出现漏洞时会喷火；仓库里的石灰受潮发热能使草袋燃烧。各种物质起火燃烧的危险程度不一样，通常根据存储和生产两种方式将它们分为甲、乙、丙、丁、戊五类，如表 1－1 和表 1－2 所示。

表 1-1　储存物品的火灾危险性分类

储存物品类别	火灾危险性的特征
甲	① 常温下能自行分解或在空气中氧化即能导致迅速自燃或爆炸的物质； ② 常温下受到水或空气中水蒸气的作用，能产生可燃气体并引起燃烧或爆炸的物质； ③ 受撞击、摩擦或与氧化剂、有机物接触时能引起燃烧或爆炸的物质； ④ 闪点小于 28℃的易燃液体； ⑤ 爆炸下限小于 10%的可燃气体，以及受到水或空气中水蒸气的作用，能产生爆炸下限小于 10%的可燃气体的固体物质； ⑥ 遇酸、受热、撞击、摩擦以及遇有机物或硫磺等易燃的无机物，极易引起燃烧或爆炸的强氧化剂
乙	① 不属于甲类的化学易燃危险固体； ② 闪点为 28～60℃的易燃、可燃液体； ③ 不属于甲类的氧化剂； ④ 助燃气体； ⑤ 爆炸下限大于等于 10%的可燃气体； ⑥ 常温下与空气接触能缓慢氧化、积热不散引起自燃的危险物品
丙	① 闪点大于等于 60℃的可燃液体； ② 可燃固体
丁	难燃烧物品
戊	非燃烧物品

表 1-2　火 灾 危 险 性 分 类

生产类别	火灾危险性的特征
甲	使用或产生下列物质： ① 闪点小于 28℃的易燃液体； ② 爆炸下限小于 10%的可燃气体； ③ 常温下能自行分解或在空气中氧化即能导致迅速自燃或爆炸的物质； ④ 常温下受到水或空气中水蒸气的作用，能产生可燃气体并引起燃烧或爆炸的物质； ⑤ 遇酸、受热、撞击、摩擦以及遇有机物或硫磺等易燃的无机物，极易引起燃烧或爆炸的强氧化剂； ⑥ 受撞击、摩擦或与氧化剂、有机物接触时能引起燃烧或爆炸的物质； ⑦ 在压力容器内物质本身温度超过自燃点的生产
乙	使用或产生下列物质： ① 闪点为 28～60℃的易燃、可燃液体； ② 爆炸下限大于等于 10%的可燃气体； ③ 助燃气体和不属于甲类的氧化剂； ④ 不属于甲类的化学易燃危险固体； ⑤ 生产中排出的可燃纤维或粉尘，并能与空气形成爆炸性混合物者
丙	使用或产生下列物质： ① 闪点大于等于 60℃的可燃液体； ② 可燃固体
丁	具有下列情况的生产： ① 对非燃烧物质进行加工，并在高热或熔化状态下经常产生辐射热，有火花或火焰的产生； ② 利用气体、液体、固体做燃料或将气体、液体进行燃烧作其他用的各种生产； ③ 常温下使用或加工难燃烧物质的生产
戊	常温下使用或加工非燃烧物质的生产

固体物质分为易燃、易爆、难燃和不燃四种。甲类是指火灾危险性较大的化学危险物品，如爆炸性物质（炸药）、化学易燃品（火柴等）、化学自燃品（黄磷等）、遇水燃烧物质（钾、钠）、强氧化剂（氯酸钾）等。乙类是指一般性的化学危险物品，如氧化剂（硝酸、漂白粉）、自燃品（桐油制品）、化学可燃物（硫磺、镁粉等）。一般有机可燃物划为丙类，

属于有火灾危险性的，如竹、木、棉布等。难燃属于丁类，不燃属于戊类。

液体物质分为不燃和可燃两种。可燃液体的蒸汽与空气混合能形成爆炸性气体混合物，遇到火花便发生爆炸。液体的火灾危险性按是否能形成爆炸性气体混合物以及发生爆炸的难易来划分。一般把闪点低于45℃的液体称为易燃液体，闪点高于45℃的液体称为可燃液体。为了建筑和设计的需要，又以闪点28℃和60℃为界，分别以汽油、煤油和柴油为代表，把易燃、可燃液体划分为甲、乙、丙三类。

可燃气体的火灾危险性按爆炸下限划分，大多数可燃气体的爆炸下限低于10%，如乙炔、氢、水煤气等，划为甲类；爆炸下限大于10%的可燃气体不太多，常见的有一氧化碳、氨等，划为乙类，助燃的氧和氯也划为乙类。不燃气体及惰性气体，如氦、二氧化碳等划为戊类。

1.1.2 火灾分类

火灾是指在时间和空间上失去控制的燃烧所造成的灾害，是火失去控制而蔓延的一种灾害性燃烧现象，是各种灾害中发生最频繁且极具毁灭性的灾害之一，其直接损失是地震的5倍，仅次于干旱和洪涝。

根据可燃物的类型和燃烧特性的不同GB/T 4968—2008《火灾分类》将灭火器和灭火剂适用对象的火灾分为A、B、C、D、E、F六类，具体分类如表1–3所示。

表1–3 火灾分类Ⅰ

分类	定义	灭火剂
A类	固体物质火灾，如木材、煤、棉、毛、麻、纸张等	水系、泡沫、硝酸铵盐干粉、卤代烷型灭火剂等
B类	液体或可熔化的固体物质火灾，如煤油、柴油、原油，甲醇、乙醇、沥青、石蜡等	干粉、泡沫、卤代烷、二氧化碳型灭火剂等
C类	气体火灾，如煤气、天然气、甲烷、乙烷、丙烷、氢气等	干粉、卤代烷、二氧化碳型灭火剂等
D类	金属火灾，如钾、钠、镁、铝镁合金等	金属火灾专用灭火剂和干砂等
E类	物体带电燃烧的火灾	干粉、二氧化碳、卤代烷灭火剂等
F类	烹饪器具内的烹饪物火灾（如动植物油脂）	泡沫灭火剂、水雾灭火剂

根据生产安全事故中一次火灾所造成的人员伤亡和财务损失金额的大小，《生产安全事故报告和调查处理条例》将火灾分为特大火灾、重大火灾、较大火灾和一般火灾四类，具体分类如表1–4所示。

表1–4 火灾分类Ⅱ

火灾分类	定义
特大火灾	造成30人以上死亡，或者100人以上重伤，火灾1亿元以上直接财产损失的火灾
重大火灾	造成10人以上30人以下死亡，或者50人以上100人以下重伤，火灾5000万元以上1亿以下直接财产损失的火灾

续表

火灾分类	定义
较大火灾	造成3人以上10人以下死亡，或者10人以上50人以下重伤，火灾1000万元以上5000万以下直接财产损失的火灾
一般火灾	造成3人以下死亡，或者10人以下重伤，火灾1000万元以下直接财产损失的火灾

注 "以上"包括本数，"以下"不包括本数。

1.1.3 火灾燃烧过程

燃烧的发展过程分为初期阶段、发展阶段、猛烈燃烧阶段和熄灭阶段四个阶段。

（1）初期阶段。火灾初期阶段是指起火后的十几分钟内，此时燃烧面积还不大，烟气流动速度较缓慢，火焰辐射的能量还不多，周围物品和结构开始受热，温度上升不快但呈上升趋势。在这个阶段，用较少的人力和应急的灭火器材就能将火控制住或扑灭。

（2）发展阶段。在火灾发展阶段燃烧强度增大，500℃以上的烟气流加上火焰的辐射热作用使周围可燃物品和结构受热并开始分解，气体对流加强，燃烧面积扩大，燃烧速度加快。在这个阶段需要投入较多的力量和灭火器材才能将火扑灭。

（3）猛烈燃烧阶段。在火灾猛烈燃烧阶段，燃烧面积扩大，大量的热释放出来，空间温度急剧上升，周围可燃物品几乎全部卷入燃烧。在这个阶段，燃烧强度最大，热辐射最强，温度和烟气对流达到最大限度，不燃材料和结构的机械强度受到破坏，甚至发生变形或倒塌，大火突破建筑物外壳向周围扩大蔓延，是火灾最难扑救的阶段。该阶段不仅需要很多的力量和器材扑救火灾，而且要用相当多的力量和器材保护周围的建筑物和物质，以防火势蔓延造成更大的损失。

（4）熄灭阶段。火灾熄灭阶段是指火场火势被控制住以后，由于灭火剂的作用或燃烧材料烧至殆尽，火势逐渐减弱直到熄灭的阶段。

1.2 电力设备火灾

1.2.1 电力设备火灾及其产生原因

据应急管理部统计，2018年全国共接报火灾23.7万起，1407人死亡，798人受伤，直接财产损失36.75亿元。其中因违反电气安装使用规定引发的火灾占总数的34.6%，生活用火不慎引发的占21.5%，吸烟引发的占7.3%，自燃引发的占4.8%，生产作业不慎引发的占4.1%，电力火灾居各类火灾首位，已成为对人类社会造成危害程度最深的灾害之一。

电力火灾是指电转化为着火源而引起的火灾，一般是指电力线路、电力设备、器具出现故障释放的热能（如高温、电弧、电火花以及非故障性释放的能量等），在具备燃烧的条件下引燃本体或其他可燃物造成的火灾，包括雷电和静电所引起的火灾。图1-3为火灾后的变压器。

电之所以能引起火灾，是因为电可以转化为热。电转化为热的途径有靠放电或电流通过时的电阻发热。电弧放电和过热是电力火灾形成的两种基本途径和主要根源。放电产生的电火花、电弧不仅能点燃附近的可燃物，还可能熔化金属导线，燃烧材料和炽热金属产生的火花会四处溅出飞落，造成火灾。

图 1－3　火灾后的变压器

电力设备一旦发生火灾，燃烧速度极快，一瞬间就可能把整个系统的设备损坏。与一般火灾相比，电力设备着火后可能仍然带电运行，在一定范围内造成触电危险，充油电力设备如变压器等受热后可能会喷油、甚至爆炸，造成火灾蔓延。电力火灾产生的直接原因多种多样，过载、短路、接触不良、电弧、火花、漏电、雷电或静电都可能引起电力火灾。

1.2.1.1　电力设备安装使用不当

（1）过载。电力设备的过载是指电力设备或导线的功率和电流超过其额定值。过载使导体中的电能转变成热能，当导体和绝缘物局部过热达到一定温度时就会引起火灾，图 1－4 所示为过载烧坏的电线。

造成过载的原因有：① 设计、安装时选型不正确，使电力设备的额定容量小于实际负载容量；② 设备或导线随意装接，增加负荷，造成超载运行；③ 检修、维护不及时，使设备或导线长期处于带病运行状态。

（2）短路、电弧和火花。由于接地装置不良或电力设备与接地装置间距过小，发生过电压时可能会击穿空气引起电弧，图 1－5 为插头内部线损产生的串弧。切断或接通大电流电路、大容量熔断器爆断时，也可能产生电弧；短路是电力设备最严重的一种故障状态，短路时短路点或导线连接松弛的接头处会产生电弧或火花。电弧温度很高，可达 6000℃以上，不仅会引燃本身的绝缘材料，还可能引燃附近的可燃材料、蒸气和粉尘。

图 1－4　过载烧坏的电线

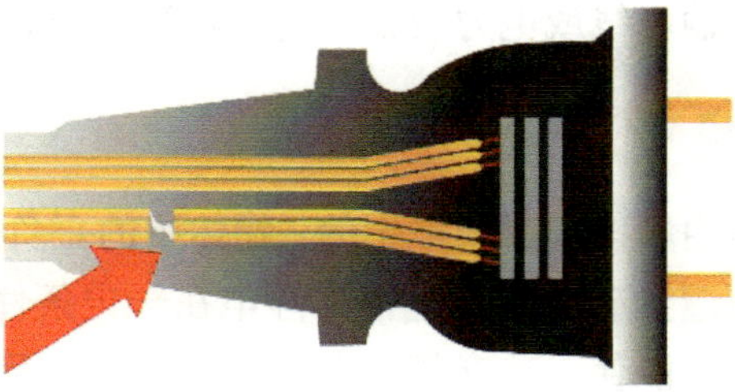

图 1－5　插头内部线损产生的串弧

产生短路的主要原因有电力设备的选用、安装和使用环境不符合要求，致使其绝缘体在高温、潮湿、酸碱环境条件下受到破坏；电力设备使用时间过长，超过其使用寿命，导致了绝缘老化发脆；电力设备使用维护不当，长期带病运行，扩大了故障范围；过电压使绝缘击穿；错误操作或把电源投向故障线路。

接触不良主要发生在导线连接处，其原因主要有：① 电气接头表面污损，接触电阻增加；② 电气接头长期运行，产生导电不良的氧化膜，未及时清除；③ 因振动或热作用，电气接头连接处发生松动；④ 铜铝连接处有约 1.69V 的电位差，潮湿时会发生电解作用而腐蚀铝，造成接触不良，形成局部过热，成为潜在的引燃源。

（3）烘烤。设计不良或使用不当的电热器具可能烤燃附近的可燃物体，如变压器、电炉等安装不当或长期通电无人监护管理，穿着用汽油擦洗过的工作服走近电热器、用红外线灯烘烤电机都可能引起燃烧或爆炸。

（4）摩擦。发动机和电动机等旋转型电力设备，在轴承润滑不良、产生干磨发热或润滑虽正常但出现高速旋转时，也会引起火灾。

1.2.1.2 接地故障

线路接地是电网中最常见的非正常运行状态，沿线杆塔、横担、绝缘子、避雷器等设备，线路两旁树枝、掉落小物体等都容易引起系统接地，尤其是在大风和雷雨天气下，接地现象会频繁发生。接地故障可分为金属性接地和非金属性接地。

线路断线使电源侧直接接地易造成金属性接地。发生金属性接地时，故障相电压为零，非故障相电压上升为线电压。非金属性接地为不完全接地，故障相电压低于相电压，非故障相电压高于相电压，低于线电压。

1.2.1.3 雷电

雷云是大气电荷的载体，可形成雷电。雷电的电位为 10～10^4kV 不等，雷电流的幅值约为数千安到数百千安。雷击时产生的功率很大，放电时间极短，一般约为几十微秒，放电区最高温度可达 20 000℃。雷电产生的高电压会沿金属物体侵入用户，使室内金属结构、供电线路回路之间产生放电、起火或爆炸，从而引发火灾。

雷电造成破坏的原因主要是电压击穿效应和电流热效应。当地面建筑物遭到雷击后会使建筑物破坏（建筑物倒塌、起火或爆炸等），甚至造成人员伤亡。

雷电的危害除直接雷击外，还有感应雷（含静电和电磁感应）、雷电反击、雷电波侵入和球雷等。这些雷电危害形式的共同特点就是放电时伴随机械力、高温和强火花，破坏建筑物，损坏输电线或电力设备，引起油罐爆炸、堆场器材物料着火。

1.2.1.4 静电

静电是由摩擦或感应产生的，物体中的正负电荷处于平衡状态或静止状态下的电形式，当平衡状态遭到破坏时显电性。静电在一定条件下会对金属物或对地放电，产生足够能量的强烈火花，能使飞花麻絮、粉尘、可燃蒸气及易燃液体燃烧起火，甚至引起爆炸。

1.2.2 电力设备火灾特点及危害

电力生产场所拥有大量电力设备并储存、使用大量的易燃、可燃性物质，如易燃气体、易燃液体、可燃粉尘、可燃固体物质。带电设备工作时，经常产生火花和表面高温；电缆密布于电业生产场所；生产场所高温管道密集，高温热体遍布厂房；现场通风不良，具备助燃条件。因此，电力设备场所火灾隐患多，一旦发生火灾，火势发展快，扑救困难，二次危害严重，经济损失大，修复时间长。

（1）火势凶猛。有些电力设备使用大量的可燃油，如汽轮机油、汽油、柴油、机油、重油等汽轮机油系统火灾尤其严重。汽轮机油管路一旦泄流，高压油喷至保温不良的高温管道和高温物体上会立即起火，火苗蹿起，火势迅速扩大。据统计，汽轮机油系统火灾由开始着火到酿成大火的时间一般仅为1～3min。此类火灾燃烧速度极快，在理想的条件下，消防队员的到场时间为5min，即使消防员以最快的速度到场，也失去了最佳的作战时机。

电力设备油系统着火多伴随电缆着火。带火的油流至电缆上，将电缆燃着，大火迅速沿电缆蔓延至电缆竖井、夹层及继电器室和控制室，使火灾在横向和纵向迅速扩大。锅炉燃油系统火灾事故的迅猛程度与汽轮机油系统火灾相同，如果火灾将氢气或乙炔等可燃气体引燃，还将发生爆炸事故，灾情更加严重。

（2）存在接触电压和跨步电压。发生电力设备火灾后，部分电力设备可能仍然带电，在一定范围内存在有接触电压和跨步电压见图1–6，灭火时会引起人身触电伤亡事故，从而导致不能近距离灭火，不利于火场观察的展开，影响灭火战斗指挥的判断力。因此，必须深埋接地极，采用环路接地网，敷设水平均压带等，以降低接触电压和跨步电压。

图1–6　跨步电压

（3）易发生喷油或爆炸。充油电力设备如变压器、油断路器、电容器等发生火灾后，产生爆炸性气体混合物，可引起喷油或爆炸，危及灭火人员安全，造成火灾蔓延。

（4）高温设备或管道遇水会急剧冷却引起变形。火灾现场，用水灭火时，消防水喷洒至高温设备表面（如汽轮机气缸、大轴和管道等），局部急剧冷却，产生较大的热应力，易使其变形、弯曲或裂纹，以致损毁全部设备。

（5）扑救困难。电力设备火灾事故中，特别是油管路喷油至高温蒸汽管道或高温热体上，如同火上加油，会迅速起火，再加上油压高、油量大、着火油流淌蔓延面积大、通风条件好，会导致火势迅猛，火焰强度高，燃烧温度可高达1500℃以上，火柱有时高达30m以上。在这种情况下，扑救人员难以靠近火场，灭火介质难以发挥抑制火情的作用，扑救非常困难。

电力设备和电缆线由许多可燃物质构成，如环氧树脂、酚醛树脂、聚氯乙烯、聚苯乙烯、聚四氟乙烯、尼龙、木材、棉花、人造纤维等，在火灾中，不仅会有大量的浓烟，还会释放出许多有毒气体，如氯化氢、一氧化碳、二氧化碳、氰化氢、丙酮、甲苯、苯等。这些气体对人的呼吸和生命构成威胁，使扑救人员难以靠近火场。

电力生产场所有许多高速旋转的高温高压设备、高电压电力设备、精密仪器和仪表，不允许用直流水或泡沫喷洒灭火，增加了灭火难度。在多数火灾现场中，消防水的压力和流量供给不足，扑救大火时需要30L/s以上的喷洒流量（个别需要80L/s）。

（6）二次危害严重。电力设备火灾中产生大量的浓烟和有毒气体，弥漫于电气装置室内。有些气体（如稀盐酸）附着在表盘、仪表、端子等装置上，形成一层导电膜，严重降低设备和导电回路的绝缘。火灾扑灭后，这些二次污染必须清除，否则将影响设备的安全可靠运行。

（7）损失严重、修复时间长。电力设备火灾火势迅猛，蔓延迅速，扑救困难，因此设备损毁严重，再加上电力设备和装置均属技术密集型、资金密集型、精度高的设备和仪器，安装及恢复要花费大量的人力、物力、财力和时间。

1.3 灭 火 方 法

1.3.1 防火基本原理

燃烧需要一定的条件，可燃物、助燃物和着火源是可燃物质燃烧或持续燃烧必须具备的要素，缺少任何一个燃烧都不能发生。火灾发生后，去除三要素中任意的一个，火灾也不会持续。因此，火灾防治从根本上来说就是破坏燃烧条件，避免火灾三要素同时具备，使燃烧反应终止。图1-7为火灾要素的构成图。

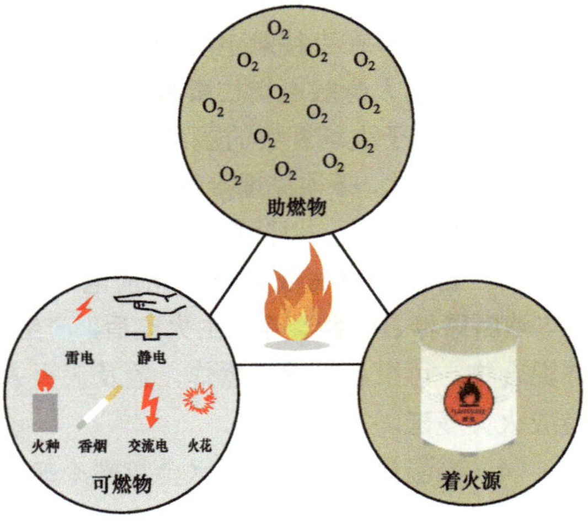

图1-7 火灾三要素构成

一切防火措施都是为了防止火灾发生，限制燃烧条件互相结合、互相作用。根据物质燃烧的原理和同火灾作斗争的实践经验，防火的基本原理有：

（1）控制可燃物和助燃物。在消防工作中，可根据不同情况采取不同措施，破坏燃烧的基础和助燃条件，防止形成燃爆介质。例如：① 用难燃或不燃材料代替易燃或可燃材料；② 用水泥代替木材建造房屋；③ 用防火涂料浸涂可燃材料提高其耐火极限；④ 在材料中掺入阻燃剂，进行阻燃处理，使易燃材料变成难燃或不燃材料；⑤ 加强通风，降低可燃气体、蒸气和粉尘在空间的浓度，使其低于爆炸浓度下限；⑥ 分开储运接触时容易发生化学反应的物品。

（2）控制和消除点火源。可燃物和空气是客观存在的，绝大多数可燃物即使暴露在空气中，若没有点火源也是不能着火（爆炸）的，控制和消除点火源是防止火灾的关键。通过采取隔离火源、控制温度、接地、避雷、安装防爆灯、遮挡阳光等措施，控制干燥装置、电力设备、机械设备、高温表面、自燃、静电火花、雷击等火源的产生和使用范围，采取严密的防范措施，严禁吸烟或穿带钉子的鞋，安装接地装置消除静电，安装避雷装置防雷击等，严格动火用火制度，防火防爆。

（3）阻止火势扩散蔓延。一旦发生火灾，应千方百计迅速使火灾或爆炸限制在较小的范围内，阻止火势、爆炸波的蔓延，防止新的燃烧条件形成，防止火灾扩大，减少火灾损失。限制火灾爆炸扩散蔓延要考虑建筑物的布局、结构以及防火防烟分区、工艺装置和各种消防设施的布局与配置等。

具体的措施有：① 在建筑物之间设置防火防烟分区、筑防火墙、留防火间距；② 对危险性较大的设备和装置，采取分区隔离、露天布置和远距离操作的方法；③ 在能形成爆炸介质的厂房、库房、工段设泄压门窗、轻质屋盖，安装安全可靠的安全液封、水封井、阻火器、单向阀、阻火门、火星熄灭器等阻火设备；④ 配置一定的水灾自动报警、自动灭火设备或固定、半固定的灭火设施，以便及时发现和扑救初起火灾等。

1.3.2 灭火基本原理

灭火是为了破坏已经形成的燃烧条件，或者使燃烧反应中的游离基消失，防止燃烧条件互相结合、互相作用，迅速熄灭或阻止物质的燃烧，最大限度地减少火灾损失。常用的灭火方法有冷却灭火法、隔离灭火法、窒息灭火法和化学抑制灭火法等四种。

（1）冷却灭火法。冷却灭火法是基于一般可燃物在火焰或热的作用下达到各自的着火温度才会引起燃烧的原理，将温度降低到着火温度以下，燃烧就会终止。根据这个条件，将灭火剂直接喷洒在燃烧的物质上，使可燃物的温度降到燃点以下，使燃烧停止；将灭火剂喷洒在火源附近的物体上，使其不受火焰辐射热的威胁，避免形成新的火点，迅速控制和扑灭火灾。水和二氧化碳常用作冷却降温的灭火剂。

通常可用水冷却建（构）筑物、生产装置、设备容器，以减弱或消除火焰辐射热的影响。但采用水冷却灭火时，需掌握不见明火不射水的原则，当明火焰熄灭后，立即减少水枪支数和水流量，防止水渍损失。对不能用水扑救的火灾，切忌用水灭火。

（2）隔离灭火法。隔离灭火法是把可燃物与引火源或氧气隔离开来。将未燃烧的物质与正在燃烧的物质隔开或疏散到安全地点，燃烧反应会自动中止。隔离灭火法是扑灭火灾比较常用的方法，适用于扑救各种火灾。

在灭火中，根据不同情况，可关闭有关阀门，切断流向着火区的可燃气体和液体的通道；打开有关阀门，使已经发生燃烧的容器或受到火势威胁的容器中的液体可燃物通过管道导至安全区域；将火源附近的可燃、易燃、易爆和助燃物品搬走，阻拦流散的液体；拆除与火源毗连的易燃建（构）筑物，形成阻止火势蔓延的空间地带；用高压密集射流封闭的方法扑救井喷火灾等。

（3）窒息灭火法。窒息灭火法是隔绝空气或稀释燃烧区的空气氧含量，使可燃物得不到足够的氧气而停止燃烧。该方法适用于扑救容易封闭的容器设备、房间、洞室和工艺装置或船舱内的火灾。

根据不同情况，灭火可具体采取下列措施：① 用干砂、湿棉布等不燃或难燃物捂盖燃烧物，阻止空气流入燃烧区，使已经燃烧的物质得不到足够的氧气而熄灭；② 用水蒸气或惰性气体（如 CO_2、N_2）灌注容器设备稀释空气，条件允许时，也可用水淹没的窒息方法灭火；③ 将起火的建筑、设备的孔洞和洞室封闭起来；④ 用泡沫盖在燃烧物上使之得不到新鲜空气而窒熄。

（4）化学抑制灭火法。化学抑制灭火法是基于燃烧链锁反应的原理，将灭火剂与链式反应的中间体自由基反应，使燃烧产生的游离基消失，形成稳定分子或低活性游离基，中断燃烧的链式反应，使燃烧不能持续进行的方法。干粉灭火剂、卤代烷灭火剂的灭火机理是化学抑制，可使用飞机喷洒化学灭火剂。

在火场上究竟采用哪种灭火方法，应根据可燃物质的性质、燃烧特点和火场的具体情况以及消防器材装备的性能进行选择。有些火场需要同时使用几种灭火方法，比如用干粉灭火时，还要采用必要的冷却降温措施，以防止复燃。

1.3.3 电力设备火灾扑救方法

电力设备火灾的扑救需要根据电力设备的原理、结构、工作性质等特点，针对不同情况采取相应的灭火方法，分为断电灭火、带电灭火和充油电气设备灭火。

1.3.3.1 断电灭火

当电力设备起火后，首先设法切断电源，防止火势蔓延扩大，然后再进行扑救，其灭火方法与一般火灾相同。在断电时应注意：

（1）有配电房的单位可断开总开关；如仅装隔离开关，应先断开负荷再拉开隔离开关，以免扩大火灾。

（2）为避免烘烤、受潮使开关的操作机构绝缘强度降低，应尽量利用安全绝缘操作工具操作开关，以免发生人身触电事故。

（3）无法用开关切断电源时，可以剪断、砸断供电线路，但应一根一根地、不在同一地点开断。开断处要邻近支持物，以免带电导线落在地上造成触电，或用绝缘材胶布将开断的线头一根一根地包扎起来，以免发生短路事故。

1.3.3.2 带电灭火

在不能判断是否已断电、因生产等原因不能立即切断电源或情况紧急时，为了迅速灭火，防止火灾延烧，可采取带电灭火的措施。带电灭火时应注意：

（1）根据电压等级的高低，保持人体与带电体之间有大于电气规程规定的安全距离。

（2）穿戴绝缘胶靴、绝缘手套和均压服后才能用水灭火。在灭火过程中，人体不能与水流接触。未穿戴绝缘工具的人员要远离水渍区域，以免触电。

（3）水枪的喷嘴处要安装接地线，可用截面积为 2.5～6mm^2、长度为 20～30m 的软铜芯绞线；接地棒用截面积不少于 30mm^2、长度大于 1m 的无锈痕铁棒，其埋地深度应不少于 0.5m。

（4）初起的电力火灾可以根据现场具体情况选用合适的灭火剂。

（5）对于充油带电体的火灾，油箱或容器外部起火时，可用二氧化碳、干粉灭火剂等扑救；如火势较大时，应立即断电，并用水枪等扑救。当油箱或容器损坏喷油燃烧时，应切断电源，设法放油（最好放入储油池），并防止带火的油进入电缆沟或延烧到其他设备扩大事故。地面上的油火和储油池内的油火，可用沙和泡沫灭火剂扑灭。

（6）旋转电机火灾可用喷雾水、蒸汽、二氧化碳等灭火剂扑救，不能用沙子、干粉等灭火剂扑救，因为硬性物质进入电机内会损坏线圈绝缘、轴和轴承。

（7）架空线路等空中电力设备发生火灾时，扑救人员与带电体之间的仰角不应超过45°，且应站在线路外侧防止设备掉落时伤害扑救人员。

1.3.3.3 充油电气设备灭火

（1）充油设备着火时，应立即切断电源，如外部局部着火时，可用二氧化碳、干粉灭火器材灭火。

（2）如设备内部着火，且火势较大，切断电源后可启动泡沫灭火系统，用消防水为罐体降温，防止爆炸，并及时报告消防部门，进行专业扑救。

2 消防设施设备

消防设施设备指用于灭火救援及保障的车辆、器材、机械、装具和灭火剂的统称，是构成灭火救援能力的基本要素之一。随着经济、社会的发展和科技的进步，消防治理、消防技术与时俱时，消防设施设备也在不断发展。

消防设备的发展有着悠久的历史。据记载，秦汉时期出现了望火楼，三国时期出现了消防栓的雏形，宋朝时出现了唧筒，并诞生了世界上第一支由国家建立的城市消防队，构成了现代消防技术的雏形。19 世纪中期，消防车、消防艇、消防泵、自动喷水灭火装置和火灾自动报警装置的出现，标志着现代消防的开始。20 世纪中期，性能先进的火灾自动报警、自动灭火系统、防排烟设备和灭火剂等消防技术应运而生。近年来，随着物联网、大数据、云计算、人工智能等一系列科学技术的发展，火灾科学、消防技术与消防软科学等领域成为消防科学技术研究的主要方向，“智慧消防”将消防设施、社会化消防监督管理、灭火救援等各要素通过物联网信息传感与通信等技术有机连接，实现实时、动态、互动、融合的消防信息采集、传递和处理，增强了灭火救援的指挥、调度、决策和处置能力。

精良的消防技术装备是实现成功灭火的重要因素。本章详细介绍了灭火剂、火灾探测器、防火阻燃材料和消防成套装备。

2.1 灭 火 剂

灭火剂指能够有效地在燃烧区破坏燃烧条件、达到抑制或中止燃烧的物质。目前，常用的灭火剂从物理特性上可以划分为固体灭火剂、气体灭火剂、泡沫灭火剂、水及水系灭火剂。

2.1.1 固体灭火剂

以固体粉末形式存在的灭火剂称为固体灭火剂，主要有两种类型：① 干粉灭火剂，由微细而干燥的无机盐粉末（如碳酸氢钠、碳酸铵等）和添加剂（硬脂酸镁、云母粉、滑石粉等）组成；② 气溶胶灭火剂，一种以液体和固体为分散相，气体为分散介质形成的粒径小于 5μm 的溶胶体系的灭火剂。

2.1.1.1 干粉灭火剂

干粉灭火剂由一种或多种具有灭火功能的细微无机粉末和具有特定功能的填料、助剂共同组成。和水、泡沫、二氧化碳相比，干粉灭火剂在灭火速率、灭火面积、等效单位灭火成本三个方面都远远优于前者，且灭火速度快，制作工艺简单，无毒无污染。

（1）普通干粉灭火剂。普通干粉灭火剂有碳酸氢钠干粉、改进型钠盐干粉、氨基干粉和磷酸铵盐干粉等。

碳酸氢钠干粉的优点是材料来源广、产品成本低，价格便宜，应用范围广、灭火速率快，是我国目前产量最大、使用最多的一种干粉灭火剂，它的缺点是流动性和斥水性差，灭火效率低。

改进型钠盐干粉在碳酸氢钠干粉中添加了氧化剂（硝酸钾）和还原剂（木炭、硫磺粉），提高了灭火效率，但是由于流动性差、吸湿性大、易于结块、成本高、价格贵等缺点没有推广使用。

氨基干粉等基料为 Monnex 粉，灭火效率高，在国外使用比较广泛。因成本高、价格贵、吸湿性大没有在我国推广使用。

磷酸铵盐干粉以磷酸等铵盐（磷酸二氢氨和磷酸氢二氨）为主料，加入硫酸铵、各种添加剂和硅油等制成，在国外早已广泛使用。由于来源不足、成本高，在我国没有迅速发展。

（2）超细（纳米）干粉灭火剂。常规的干粉灭火剂极易吸收空气中的湿气，使表面湿润或溶解结成较大的块状物，且无法抗复燃。近年来，研究出了超细干粉灭火剂。

超细干粉灭火剂是指粒径在 20μm 以下的无机灭火粒子（如聚磷酸铵、磷酸二氢铵、碳酸氢钠等）分散在气体中形成的胶体灭火剂，灭火后无明显沉积物，对火场污染少，现场易清理，是可用于计算机房、电子设备房、档案房、电缆以及森林等处火灾的灭火剂。

（3）其他新型干粉灭火剂及灭火系统。21 世纪初，国内研究出一种微纳米复合型超细干粉灭火剂，具有较好的流动性、斥水性、绝缘性及耐低温性，粒径小于 7μm，适合与水射流混合喷射，灭火效率高，可快速扑灭大火并阻止其复燃。

英国 KIDDE 公司研制出粒径低于 5μm 的超细碳酸氢钠干粉灭火剂，其灭火效果是普通碳酸氢钠干粉灭火剂的 10 倍，且灭火后无明显沉积物，对火场污染小。

催化剂型干粉灭火剂是在普通干粉灭火剂中加入某些微量的金属盐或强酸，起到催化剂的作用，使灭火效能显著增加。

载体型干粉灭火剂将灭火组分吸附或结晶包覆于廉价、多孔、大比表面积载体上制备成载体型干粉灭火剂，可极大地增加灭火离子的比表面积，减少了灭火剂的使用量。

多元组分干粉灭火剂是将自身具有灭火效能的各个灭火剂组分按照一定性质和比例混合制成灭火性能更好的多组分干粉灭火剂。例如在碳酸氢钠干粉灭火剂中加入适量氯化钠、氯化钾，使 B、C 类火灾的干粉最小用量降低一半，灭火效能提高一倍多。

抗复燃超细磷酸铵盐干粉灭火剂采用干法工艺制备而成，能在油面上迅速铺开，形成一层封闭层，使油面与空气完全隔绝，经抗复燃超细磷酸铵盐干粉扑灭的油面不能被再次点燃，具有很好的抗复燃效果，特别适用于扑灭油田、油库、加油站、炼油厂等场所的油类火灾。

金属火灾（D 类火灾）干粉灭火剂可以扑灭 D 类火灾，根据原料的不同分为石墨类、氯化钠类和硫酸氢氨类。石墨类干粉灭火剂在石墨中添加了流动促进剂，散热性能好，使燃烧金属迅速降温，但不在燃烧金属表面烧结；加入适当适量添加剂的氯化钠类干粉灭火剂，覆盖层致密、平坦、坚硬，能有效窒息钠火；添加某些结壳物料制备的硫酸氢氨干粉灭火剂不仅可以钝化金属表面，还可以生成硬而坚固的壳，有效保护钝化层。

2.1.1.2 气溶胶灭火剂

气溶胶灭火剂是一种以液体或固体为分散相，气体为分散介质所形成的粒径小于 5μm 的溶胶体系的灭火剂。固体颗粒细小且具有气体的特征，可以不受方向的限制，绕过障碍物，到达保护空间的任何角落，在着火空间有较长的驻留时间，实现全淹没式灭火。按形成的方式，气溶胶灭火剂分为热气溶胶灭火剂和冷气溶胶灭火剂。

（1）热气溶胶灭火剂。热气溶胶灭火剂是指固体燃料混合剂通过自身燃烧反应产生足够浓度的悬浮固体颗粒和惰性气体，喷射并弥漫于着火空间，抑制燃烧火焰使燃烧终止。

（2）冷气溶胶灭火剂。冷气溶胶灭火剂是针对热气溶胶灭火技术的不足而研发出来的一种新型高效粉体灭火剂。它将高效干粉灭火剂添加磨剂、分散剂、防潮剂、防静电剂和流动剂等以特殊技术加工形成的粒径小于 1～5μm 的超细粉体，以喷射或抛射的方式带入火灾现场，形成分散性气溶胶灭火剂，以局部保护或全淹没的方式灭火。

2.1.2 气体灭火剂

气体灭火剂具有灭火效率较高、灭火时间短、电绝缘性高和清洁无污渍等特点，可扑救 A、B、C、E 类火灾。常见的气体灭火剂有卤代烷和惰性气体灭火剂等。

2.1.2.1 卤代烷及卤代烷替代气体灭火剂

卤代烷是以卤素原子取代烷烃分子中的部分或全部氢原子后得到的一类有机化合物的总称。卤代烷灭火剂属于化学灭火剂，具有灭火快、用量省、易汽化、空间淹没性好、洁净、不导电、可靠且储存不变质等特点，应用范围较广。常见的卤代烷灭火剂有 1211 灭火剂和 1301 灭火剂。

卤代烷灭火剂对大气臭氧层有极强的破坏作用，因此，我国已限制使用，卤代烷灭火剂的替代物主要有氟碘烃灭火剂、六氟丙烷灭火剂、七氟丙烷灭火剂、三氟甲烷灭火剂和一溴三氟丙烯灭火剂。

氟碘烃灭火剂的分子式为 CF_3I，是以化学方式为主的气体灭火剂，通过化学反应捕捉自由基，终止引起火焰传播的链反应，阻止火势的发展；通过分子的物理热运动带走大量的热，起到冷却和降低氧含量的作用。氟碘烃灭火剂的灭火性能很强，具有低毒、易挥发、对环境无害的特点。

六氟丙烷灭火剂的分子式为 $CF_3CH_2CF_3$，是人工合成的无色、几乎无味、不导电的气体，密度大约是空气密度的 5 倍，毒性小，性能稳定，以物理和化学方式灭火，适合充装手提式灭火器材，用于敞开、半敞开空间灭火，也适用于有人场合全淹没灭火系统使用。

七氟丙烷灭火剂的分子式为 CF_3CHFCF_3，不含溴元素和氯元素，低毒、不导电、不污染被保护对象，是无色、无味的气体，灭火机理主要是中断燃烧链，灭火速度快，具有良好的清洁性和气相电绝缘性。

三氟甲烷灭火剂的分子式为 CHF_3，是一种人工合成的无色、几乎无味、不导电的气体，对大气的臭氧层没有破坏，密度约为空气密度的 2.4 倍，以物理和化学方式灭火，具有良好的灭火效率。

一溴三氟丙烯的分子式为 C_3BrF_3，是一种可降解的溴烃新型清洁高效灭火剂，该灭火剂问世不久，灭火效率高，具有优异的环保性能。

2.1.2.2 惰性气体灭火剂

惰性气体灭火剂主要成分（如氩气、氮气和二氧化碳等气体）属于大气中已经存在的纯自然气体，它们的物理、化学性质都很稳定，对环境没有污染，也不会对人身安全产生危险。

常用的惰性气体稀释剂是氮气、二氧化碳和水蒸气，这些气体进入反应区，降低单位体积可燃物和氧化剂分子的浓度，同时也减少了分子间的有效碰撞数，降低了反应速率、产热速率和温度，通过抑制燃烧达到灭火的目的，不污染环境，对保护区不产生腐蚀和破坏作用。

二氧化碳灭火剂，扑救火灾时需要 34%～75%的灭火浓度，所以必须要液化存储、运输，需要高压液化储存的高压系统和低温储存的低压系统。二氧化碳从液态汽化的过程容易形成干冰，干冰直接升华成气体，体积剧烈膨胀，会严重破坏输送管道，对人员和保护区形成伤害和破坏。需要引起注意的是，二氧化碳和钾、钠、镁、钛等活泼金属会发生反应，因而二氧化碳灭火剂不能用于扑灭这些活泼金属的火灾。

氮气是无色无味，不导电，无毒、无腐蚀的气体，不参与燃烧反应，也不与其他物质反应。氮气的灭火过程洁净，灭火后不留痕迹，对仪器设备也没有损坏。氮气灭火剂扑救火灾时需要 35%～50%的灭火浓度，和二氧化碳相同，也需要高压液化储存的高压系统和低温储存的低压系统。氮气具有窒息性，需要考虑健康和安全问题。

烟络尽灭火剂（IG-541）又称惰性气体灭火剂，是由氮气（50%）、氩气（42%）及二氧化碳（8%）混合而成的。烟络尽由大气中纯天然气体成分组成，因此对人体的伤害最小，在有人工作的区域，应尽量选择它来灭火。

水蒸气的灭火作用是稀释燃烧区内可燃蒸气浓度和降低燃烧区的含氧量。利用水蒸气扑救高温设备火灾时，不会引起高温设备热胀冷缩的应力和变形，不会造成高温设备的破坏。

全氟乙基异丙基酮（十二氟-2-甲基戊烷-3-酮，商品名 Novec1230™）灭火剂的化学式为 $CF_3CF_2COCF(CF_3)_2$，具有洁净、高效，对人、财产、环境不造成二次损害等特点，已在美国、加拿大、澳大利亚、日本、韩国和中国台湾登记注册使用，具有很好的应用前景。

SDE 灭火剂是近期研究出来的新型惰性气体灭火剂，其组成成分为：二氧化碳占 35%、氮气占 25%、气态水占 39%，雾化金属氧化物占 1%，具有较好的清洁性，在大气中完全汽化不留残渣，且具有良好的气相电绝缘性及物理性能。

2.1.3 水及水系灭火剂

水是扑救 A 类火灾的主要灭火材料，但水的流动性好，大部分水喷射到火场后会流失，或因火场温度高，未达到燃烧区已汽化，使水的冷却性能不能充分发挥。在水中添加试剂可以改变水的物理特性，增加水的汽化潜热、黏度、润湿力和附着力，提高水的有效隔氧降温能力，充分发挥水的灭火性能，降低用水量，提高灭火效率。常见的水系灭火剂有含添加剂水系灭火剂和细水雾灭火剂等。

2.1.3.1 含添加剂的水系灭火剂

强化水为添加碱金属盐或有机金属盐的水溶液。强化水系灭火剂具有冷却和化学抑制的双重灭火作用，可扑救 A、B、C 类物质的初起火灾。强化水系灭火剂的冷却和渗透阻燃功能，使火灾扑救后复燃的可能性大大降低，可直接用于消防车中，可提高扑救 A 类火灾中材料的抗复燃性能。

乳化水是添加了乳化剂的水溶液，乳化剂含有憎水基团，以雾状喷射，可扑救闪点较高的油品火，也可用于油品泄漏的清理。

润湿水为添加了增黏剂的水溶液，对木柴垛、棉花包、纸库、粉煤堆、塑料等水润湿性较差的材料，可以降低水的表面张力，提高水的润湿能力，扑灭火灾的效果良好。

抗冻水为增加了抗冻剂的水溶液，利用稀溶液的依数性，使水的冰点降低，使高水在寒冷地区能够有效使用。常用的抗冻剂有无机盐（如氯化钙、碳酸钾等）和多元醇（如乙二醇、甘油等）。

黏性水是添加了增稠剂的水溶液，提高水的黏度，增加水在可燃物表面特别是垂直表面上的黏附力，可以降低灭火时流失的无功水。特别适合用于消防水罐车扑救建筑物内火灾，达到节水、保水的目的。

SD 系列水系灭火剂是将增黏剂、润湿剂和混合盐等三种添加剂按照一定的比例混合起来，其作用互补，相辅相成，可提高水的润湿性、阻燃性、吸热冷却性及发泡窒息性。SD 系列灭火剂可用于 A、B 类火灾及极性溶剂火灾的扑救，达到令人满意的灭火效果。

2.1.3.2 植物型复合阻燃灭火剂

植物型复合阻燃灭火剂是以水、天然植物和草木灰为主要原料，连同助剂制成的一种多功能、多用途的植物型复合阻燃灭火剂，可以在高效阻燃灭火的同时实现安全和保护人类环境的目的，可扑救 A、B、C 类火灾。

植物型复合阻燃灭火剂利用生物化学技术，迫使燃烧物质的燃烧性质从根本上改变，使其由易燃变为难燃、不燃，从而达到灭火的目的，其阻燃的机理为改变物质燃烧性质、吸热降温、稀释阻燃和结膜封闭。

2.1.3.3 水胶体灭火剂

水胶体灭火剂可分为无机水凝胶和高分子水胶体灭火剂。

无机凝胶是以无机硅胶材料为基料，与促凝剂、阻化剂和水混合，通过化学反应生成硅凝胶。硅凝胶遇到高温后，其中的水分迅速汽化，可以快速降低燃烧体的表面温度，残余的固体形成包裹物，阻碍了燃烧体与氧进一步接触氧化放热；硅凝胶将水固定起来，降低了水的流动性，延长了水在燃烧体系的停留时间，有效发挥了水的冷却作用，有效降低燃烧体表面和内部的温度。

高分子水胶体灭火剂是用高分子材料替代无机填料的一种新型水胶体灭火剂，温敏性高分子水凝胶灭火剂是其中的一种，具有温度敏感性，常温下呈液态，温度高于临界温度后变为凝胶状固体。凝胶化后封堵窒息作用强、冷却效率高，可提高灭火能力，降低用水量，减少二次水渍污染。当温度降至临界温度下逆相变为水溶液，溶液黏度低、易储存、灭火射程远、易排放，不会造成火灾现场污染和排水系统堵塞，高效环保无毒，在国内外应用较为广泛，图 2-1 为温敏性水凝胶的各种状态。

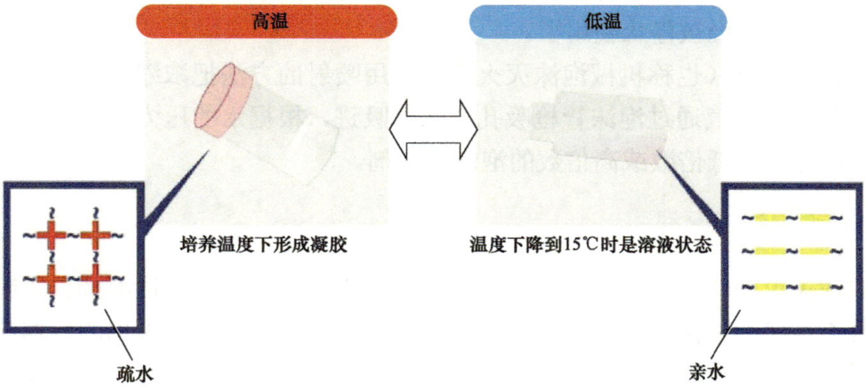

图 2-1 温敏性水凝胶

温敏性聚合物嵌段；亲水性聚合物嵌段

2.1.3.4 细水雾灭火剂

细水雾是通过特殊喷嘴产生的超细微粒水雾，灭火机理主要是表面冷却、窒息、辐射热阻隔和浸湿作用。除此之外，细水雾还具有乳化等作用，在灭火过程中，往往会几种作用同时发生，从而有效灭火。

由于细水雾雾滴直径很小，相对同样体积的水，其表面积剧增，加强了热交换的效能，起到了非常好的降温效果。细水雾吸收热量后迅速被汽化，体积急剧膨胀，通常可达到 1700 多倍，降低了空气中的氧气浓度，抑制了燃烧中氧化反应的速度，起到了窒息的作用。

细水雾在冷却、窒息和隔绝热辐射的三重作用下达到控制火灾、抑制火灾和扑灭火灾的目的，细水雾灭火系统具有水喷淋和气体灭火的双重作用和优点，既有水喷淋系统的冷却作用，又有气体灭火系统的窒息作用，所以是一项值得推广的灭火技术。

近日，国内研究出一种工作压力为 10MPa 的高压细水雾灭火剂，该灭火剂具备良好的冷却性和抑制性，可防止火灾复燃，且用水量少。

2.1.4 泡沫灭火剂

泡沫灭火剂是扑救可燃易燃液体的有效灭火剂，它主要是在液体表面生成凝聚的泡沫漂浮层，起窒息和冷却作用，可扑救 A、B 类火灾。泡沫灭火剂分为化学泡沫、空气泡沫、蛋白型泡沫、水成膜泡沫和抗溶性泡沫等。悬浮的泡沫形成一种水质的空气隔离层，通过阻止燃烧蒸发来抑制和阻止燃烧。

泡沫灭火剂按生成机理可以分为化学泡沫灭火剂和空气泡沫灭火剂；按发泡倍数可分为低倍数泡沫灭火剂、中倍数泡沫灭火剂和高倍数泡沫灭火剂；按用途可分为普通泡沫灭火剂、抗溶泡沫灭火剂和通用泡沫灭火剂；按泡沫基料的类型可分为蛋白型泡沫灭火剂和合成泡沫灭火剂。

2.1.4.1 化学泡沫灭火剂和空气泡沫灭火剂

化学泡沫灭火剂的泡沫是通过两种药剂的水溶液发生化学反应生成的，粘度小、流动性和自封能力好、不易变质，储存期较长，但由于其灭火效果较差、腐蚀性强，对人体和环境有害，在我国已经被停止使用了。

空气泡沫灭火剂（也称机械泡沫灭火剂）利用喷射的方法把浓缩的泡沫剂与水混合，形成泡沫所需要的空气通过泡沫管枪吸孔随水流吸进，根据水的压力、发泡剂的种类和泡沫管枪的种类可形成低倍数或高倍数的泡沫灭火剂。

2.1.4.2 蛋白型泡沫灭火剂

蛋白泡沫灭火剂由蛋白质、水解蛋白、泡沫稳定剂、无机盐、抗冻剂、防腐剂组成，在燃烧物表面形成的泡沫覆盖层可使燃烧物表面与空气隔绝，遮断火焰的热辐射，阻止燃烧物本身和附近的可燃物蒸发，泡沫析出的液体对燃烧表面进行冷却，泡沫受热产生的水蒸气可以降低燃烧物附近的氧浓度。

蛋白泡沫灭火剂灭火的可靠性大，安全性高，对火场的保护性能佳，且有优良的生物降解性，是唯一可以 100%被生物降解的纯天然环保型泡沫灭火剂，主要有普通蛋白型泡沫灭火剂、氟蛋白型泡沫灭火剂和成膜类蛋白泡沫灭火剂等。

普通蛋白泡沫灭火剂是以动物蛋白质的水解浓缩液为基料加入各种添加剂的起泡液体。我国主要生产的是 YE3/6 型蛋白灭火剂，与水按 6:94 和 3:97 混合，可适用于各种低倍数泡沫产生器，抗烧性强、析液率低、导热慢、黏附力大。

氟蛋白型泡沫灭火剂（Fluor-protein foam extinguishing agent，FP）是在蛋白泡沫中加入氟碳化合物表面活性剂，不同等级性能的产品可以使用不同比例的水解蛋白质和氟化表面活性剂来获得。氟蛋白泡沫的流动性好，疏油能力强，通常具有很好的燃料覆盖性和化学干粉灭火剂亲和性。

成膜类蛋白泡沫灭火剂能在液体的表面形成一层抑制可燃液体蒸发的膜，可与海水配置混合液，也可用于泡沫喷淋装置，具有环保性和可再生性，主要有成膜氟蛋白泡沫灭火剂（Film Forming Fluor-Protein foam extinguishing agent，FFFP）和成膜氟蛋白抗溶泡沫灭火剂（Film Forming Fluor-Protein foam extinguishing agent-Alcohol Resistant，FFFP－AR）两种，其灭火效率高、速度快、防复燃性能和密封性能好，广泛适用于油田、炼油厂、油库、船舶、码头、飞机场等场所。

FFFP－6 型成膜氟蛋白泡沫灭火剂在油类液面上能形成一层抑制油类蒸发的防护膜，靠泡沫和防护膜的双重作用灭火。FFFP－AR6 型成膜氟蛋白泡沫灭火剂是在氟蛋白泡沫灭火剂中加入适当的氟碳表面活性剂、成膜性添加剂、抗醇剂、碳氢表面活性剂以及助剂等精制而成，具有抗溶性泡沫灭醇类火的能力。

2.1.4.3 合成泡沫灭火剂

合成泡沫灭火剂是碳氢表面活性剂、发泡剂、稳定剂及防腐剂为基料制成的泡沫灭火剂。在扑救火灾时靠泡沫稀释火灾区域中的氧含量，封闭燃烧物表面，使其与空气隔绝而灭火。合成泡沫灭火剂主要有高倍数泡沫灭火剂，高、中、低倍通用泡沫灭火剂，水成膜泡沫灭火剂和抗溶水成膜灭火剂。

高倍数泡沫灭火剂是由发泡剂、助溶剂、稳定剂、抗冻剂和水配制而成，可适用于 201～1000 倍的发泡倍数。它利用大量泡沫迅速覆盖燃烧物，用窒息和冷却的双重作用灭火，具有耐海水性好、发泡倍数高、封闭性强、现场环境恢复快等特点。

中石化利用火灾爆炸仿真软件对高倍数泡沫抑制液化天然气（Liquefied Natural Gas，LNG）蒸发扩散进行模拟研究，建立了 LNG 自然蒸发扩散模型和高倍数泡沫下 LNG 蒸发扩散模型，通过模拟结果发现，高倍数泡沫能有效减小可燃气云面积的 70%～80%。

低倍数泡沫灭火剂主要用来扑灭可燃液体（汽油、石油、苯等）火灾和固体物质（木材、橡胶、纸张、塑料等）火灾，保护油罐、矿井、船舱和储有可燃液体及可燃固体材料的仓库，并且可以防护火灾对附近房屋和油罐的辐射，具有良好的隔绝能力，在扑救可燃液体火灾时能防止复燃。

抗溶性泡沫灭火剂是由微生物多糖、碳氢表面活性剂、氟碳表面活性剂、防腐剂等组成，具有良好的抗溶性和疏油性。当泡沫遇到极性液体时，可在燃料和泡沫界面处形成一层聚合物胶膜，有效地保护泡沫，主要用于扑救醇、醚、脂、酮等极性液体的火灾，也可扑救油类及一般固体物质火灾。

2.1.4.4 水成膜泡沫灭火剂

水成膜泡沫灭火剂（Aqueous Film Forming Foam extinguishing agent，AFFF）由氟碳表面活性剂、碳氢表面活性剂和添加剂（泡沫稳定剂、抗冻剂、助溶剂、增稠剂）及水组成。通过添加碳氢表面活性剂，可以降低灭火剂的表面张力，使其在烃类液体上铺展，形成一种稳定的薄层水膜，漂浮在可燃性液体的表层，以防止火焰复燃。

目前用于扑灭油类火灾的灭火剂中，水成膜泡沫灭火剂由于水成膜及泡沫的双重灭火作用而具有最佳灭火效果。

AFFF－AR3 型、AFFF－AR6 型抗溶性水成膜灭火剂由碳氢表面活性剂、氟碳表面活性剂、抗燥剂、助剂、极性成膜剂、稳定剂、抗冻剂、防腐剂等与离子水配制而成。除了具有一般水成膜灭火剂的扑救油类火灾的性能外，在生产过程中添加极性成膜剂，在极性易燃液体表面形成一层凝胶膜，保护薄膜不受破坏，迅速扑灭醇、脂、醚、酮、醛等极性溶剂火灾，是一种多功能泡沫灭火剂。

YEFK－3 型、YEFK－6 型氟蛋白抗溶泡沫灭火剂是在氟蛋白泡沫灭火剂中加入适量的抗醇剂、助剂等精制而成。它既具有氟蛋白泡沫灭油类火灾的功能，又具有抗溶性泡沫灭醇类火灾的能力，可以在各种低倍数泡沫产生设备中与水按 3:97 或 6:94 的比例混合产生泡沫，可用于扑救油类火灾，也可扑救醇、脂、醚、酮、醛等可燃极性溶剂火灾。

YEKJ－3 型、YEKJ－6 型抗溶性泡沫灭火剂是由微生物多糖、碳氢表面活性剂、氟碳表面活性剂、防腐剂、助剂等组成。该灭火剂属于凝胶型合成泡沫，具有良好的触变性能，可以在各种低倍数泡沫产生设备中与水按 3:97 或 6:94 的比例混合产生泡沫，并具有对输液管道不受限制、供给强度小、灭火速率快、储存稳定、腐蚀性低等优点，用于扑救油类火灾，也可扑救醇、脂、醚、酮、醛等可燃极性溶剂火灾。

YEQD－6 多功能水成膜泡沫灭火剂是以高分子生物胶、复合发泡剂、氟表面活性剂、溶剂等为原料配制而成的一种多用途高效灭火剂，可在醇类物质表面形成一层胶膜，靠泡沫和胶膜的双重作用迅速有效地将火扑灭。与水的混合比为 6：94，主要用于扑救醇、脂、醚、酮等水溶性物质的火灾，也可扑救石油和石油产品等非水溶性物质的火灾。

AFFF1 高浓度低冻点耐海水型水成膜泡沫灭火剂选择了新型的泡沫耦合剂、助溶剂及有机硅表面活性剂，提高了物质之间的互溶性及溶解度，使用海水发泡能产生极低的表面张力，能在燃油类表面上快速铺展覆盖达到隔绝空气灭火的目的。它可与干粉灭火剂联用灭火，采用液下喷射的方式扑救大型油类储罐火灾，广泛适用于海上油田、游轮、军舰及炼油、油库、船舶、码头、飞机场、机库等。

2.1.4.5　其他泡沫灭火剂

A 类泡沫灭火剂由阻燃剂、发泡剂、渗透剂等多种物质组成，具有灭火快、效能高、性能稳定，凝固点低，集强化水、一般泡沫灭火剂的优点于一体，是可高效能扑灭 A 类、B 类火灾的新型、高效、快速灭火剂。

YSP 型 A 类灭火剂不仅能高效扑灭 A 类火和 B 类火，又克服了水剂型灭火剂冬季怕冻，不耐储存的问题。

压缩空气泡沫灭火剂是将一定比例的压缩空气注入泡沫溶液射流中，经撞击混合产生细小而均匀泡沫的一种泡沫灭火剂。它吸收热量，达到冷却效果，隔离氧气，中断化学链反应，提高了贯穿速度和渗透深度，并且提高了灭火效率，减少用水量。

植物蛋白泡沫和植物氟蛋白泡沫“绿色”灭火剂是从大米生产味精的废料中提取的植物蛋白灭火剂，比动物蛋白泡沫灭火剂更环保，生产和使用过程中无异味、无毒、无污染，可完全生物降解。

三相泡沫灭火剂是由气体（氮气或空气）、固体微粒、液相经发泡而形成的具有一定分散体系的混合体，集固、液、气三相材料的防灭火性能于一体，利用固体粉末的覆盖性、气体的流动性和水的吸热降温性灭火，有效提高了灭火效率。

有学者在水成膜泡沫灭火剂中分别添加球状膨胀玻化微珠、片状滑石粉、纤维状硅灰石粉，形成三相泡沫灭火剂，研究三种微粒的浓度对泡沫灭火剂发泡倍数、析液时间、抗烧时间的影响。结果表明：固体微粒的加入能提高水成膜泡沫灭火剂的稳定性，且含硅灰石粉泡沫灭火剂的稳定性、抗烧性均优于含滑石粉泡沫灭火剂和含膨胀玻化微珠泡沫灭火剂。

七氟丙烷气体泡沫灭火剂兼具有空气泡沫覆盖隔离和七氟丙烷气体化学抑制的双重功效，可用于扑救液体火灾或可熔化的固体火灾，适用于有人的场所，且不会对电子仪器设备、磁带资料等造成损害。

2.2 火灾探测器

火灾探测器是火灾探测系统的“感觉器官”，监视环境中是否有火灾发生。一旦发生火情，就将火灾的特征物理量，如温度、烟雾、气体和辐射光强等转换成电信号，并立即动作向火灾报警控制器发送报警信号。

火灾探测器一般由敏感元件传感器、处理单元和判断及指示电路组成。其中，敏感元件传感器可以对一个或几个火灾参量起监视作用，并做出有效响应，经过电子或机械方式处理转化为电信号。常见的火灾探测器有烟感探测器、温感探测器、火焰探测器和特殊气体传感器等。

2.2.1 烟感探测器

烟感探测器是响应燃烧或热解产生的固体或液体微粒的火灾探测器，它能探测物质燃烧初期所产生的气溶胶或烟雾粒子浓度，被称为早期发现探测器，是使用量最大的一种火灾探测器，如图 2–2 所示。

图 2–2 烟感探测器

常离子烟感探测器由内外两个电离室构成。外电离室（即检测室）有孔与外界相通，烟雾可以从该孔进入传感器内；内电离室（即补偿室）是密封的，烟雾不会进入。火灾发生时，烟雾粒子窜进外电离室，干扰带电粒子的正常运行，使电流、电压改变，破坏内外电离室之间的平衡，探测器感应并发出报警信号。

光电烟感探测器内部有一个发光元件和一个光敏元件。发光元件发出的光通过透镜射到光敏元件上，电路维持正常。如有烟雾从中阻隔，到达光敏元件上的光就会减弱，光敏元件把光强的变化转换成电流的变化，通过放大电路发出报警信号。

吸气式烟感探测器一改传统烟感探测器等待烟雾飘散到探测器被动进行探测的方式，采用新的理念，主动对空气进行采样探测。保护区内的空气样品被吸气式烟感探测器内部的吸气泵吸入采样管道，送到探测器进行分析，若发现烟雾颗粒即发出报警信号。

2.2.2 温感探测器

温感探测器利用热敏元件来探测火灾，如图 2–3 所示。在火灾初始阶段有大量烟雾产生，并随着物质燃烧释放出大量的热量，周围环境温度急剧上升。探测器中的热敏元件发生物理变化，响应异常温度、温度速率、温差，从而将温度信号转变成电信号，并进行报警处理。

图 2–3 温感探测器

温感火灾探测器由感温元件、电路与报警器三部分组成。按感温元件不同分为定温式探测器、差温式探测器、差定温式探测器，温感面积一般为 30～40m^2。

定温式探测器是指在规定时间内，火灾引起的温度上升超过某个定值时启动报警的火灾探测器，有线型和点型两种结构。当局部环境温度上升达到规定值时，线型定温式探测器的可熔绝缘物熔化使两导线短路，产生火灾报警信号；点型定温式探测器利用双金属片、易熔金属、热电偶热敏半导体电阻等元件，在规定的温度值上产生火灾报警信号。

差温式探测器是指在规定时间内，火灾引起的温度上升速率超过某个规定值时启动报警的火灾探测器，也有线型和点型两种结构。线型差温式探测器根据广泛的热效应而动作，点型差温式探测器根据局部的热效应而动作，主要感温器件是热敏半导体电阻元件。

差定温式探测器结合了定温和差温两种作用原理，并将两种探测器结构组合在一起。差定温式探测器一般多是膜盒式或热敏半导体电阻式等点型组合式探测器。

2.2.3 火焰探测器

火焰探测器又称感光式火灾探测器，是探测火焰燃烧的光照强度和火焰的闪烁频率的一种火灾探测器，适用于无烟液体和气体火灾、产生明火以及产生爆燃的场所。

根据火焰的光特性，火焰探测器分为三种：对火焰中波长较短的紫外光辐射敏感的紫外火焰探测器；对火焰中波长较长的红外光辐射敏感的红外火焰探测器，如图 2–4 所示；同时探测火焰中波长较短的紫外线和波长较长的红外线的紫红外混合火焰探测器，如图 2–5 所示。

图 2–4　红外火焰探测器

图 2–5　紫红外复合火焰探测器

根据探测波段，火焰探测器可分为单紫外、单红外、双红外、三重红外、红外/紫外、附加视频等火焰探测器。

根据防爆类型火焰探测器可分为隔爆型火焰探测器和本安型火焰探测器。

2.2.4　特殊气体传感器

气体传感器是一种将气体体积分数转化成对应电信号的转换器，如图 2–6 所示，采用耐高性能催化燃烧式、电化学式气体传感器作为检测元件，探测头通过气体传感器对气体样品进行调理，通常包括滤除杂质和干扰气体、干燥或制冷处理仪表显示部分。气体探测器可以检测可燃气体和有毒气体。

半导气体传感器在气体传感器中约占 60%，根据其机理分为电导型和非电导型，电导型又分为表面型和容积控制型。施加电压时，半导体材料温度升高，被吸附的氧接受了半导体中的电子形成了 O_2 或 O_2 原性气体，当 H_2、CO、CH_4 存在时，半导体表面电阻下降，电导上升，电导变化与气体浓度成比例。

图 2–6　气体传感器

固体电解质气体传感器使用固体电解质气敏材料做气敏元件，气敏材料在通过气体时产生离子，形成电动势，通过测量电动势测出气体浓度。目前已实用化的氧化锆固体电解质传感器已成功应用于钢水中氧的测定和发动机空燃比成分测量等。

接触燃烧式传感器适用于可燃性气体 H_2、CO、CH_4 的检测。可燃气体接触表面催化剂 Pt、Pd 时燃烧，燃烧热与气体浓度有关。这类传感器优点是应用面广、体积小、结构简单、稳定性好，缺点是选择性差。

红外线气体传感器是典型的吸收式光学气体传感器，根据不同气体分子的近红外光谱选择吸收特性，利用气体浓度与吸收强度关系鉴别气体组分并确定其浓度，对 SO_2、CO、

CO_2、NO 等气体具有较高的灵敏度。

2.2.5 复合式火灾探测

复合传感器是对两种或两种以上火灾参数响应的火灾探测器，如图 2-7 所示。已经投入使用的有感温感烟火灾探测器、感光感烟火灾探测器、感光感温火灾探测器、差定温火灾探测器等。

随着科学研究的不断发展，各种技术手段日趋成熟，已出现探测三个参量或更多参量的探测器，如一氧化碳、光电感烟和感温三复合火灾探测器等。

图 2-7 复合式火灾探测器

2.3 防火阻燃材料

防火技术的进步与经济发展水平密不可分。目前，我国的火灾防护方针是被动为主、主动为辅。

被动式防火措施是指在火灾发生和蔓延过程中，利用材料或构筑物自身的阻燃性、耐火性、分隔性等特性，将火势控制在一个小范围内，使损失最小，常用防火涂料、阻燃包带和防火封堵组件等进行火灾防范。主动式防火措施是利用火灾自动报警、灭火、防排烟等设施，在发现早期火灾时进行初期灭火，火灾发生后主动扑救和火势控制，主动式防火技术主要由通道火情探测技术和通道灭火消防技术组成。

2.3.1 防火涂料

防火涂料一般由叔丙乳液水性材料添加各种防火阻燃剂、增塑剂等组成，是具有防火阻燃保护及一定装饰作用的防火涂料。将其涂覆于电缆表面，在自然条件下可以干燥成膜，无需特殊处理。

图 2-8 中将可燃性材料表面涂上防火涂料，是防火涂料的一种典型应用。根据遇火阻燃现象防火涂料分为非膨胀型和膨胀型。膨胀型涂料使用广泛，遇火时能膨胀产生 20～30mm 均匀致密的海绵状隔热泡沫层，不仅可以隔绝空气，其疏松且耐热性能优越的质地还可抑制燃烧，延缓热量传递，起到保护基底材料的作用。涂层膨胀发泡过程中，由于体积膨胀等物理变化与碳化、脱水等化学反应会消耗热量，可以降低热传递效率，强化隔热效果。膨胀型涂料涂刷于可燃性基材表面，可改变材料表面燃烧特性，阻滞火灾迅速蔓延。

图 2-8 防火涂料典型应用

非膨胀型防火涂料在专业领域又被称为隔热涂料，在遇到明火时，由于涂层物理性能稳定几乎不会发生体积变化，能形成一层密度极大的釉面保护层，阻隔氧气，抑制燃烧。基于隔热涂料所形成的釉面保护层具有热导系数大、隔热效果差等特征，在实际应用时需要增加涂层的厚度，以保证防火隔热效果达到理想水平。

2.3.2 阻燃包带

阻燃包带是缠绕在电缆表面的阻燃带状材料，一般宽度 50mm 左右，如图 2-9 所示，可提供防水、防酸、防污、防盐、抗紫外线等长期保护。遇火时膨胀形成聚集物防火墙，隔绝火源，使电缆更快散热，保护其不被火源灼伤，并能保护邻近的电缆和附件不受故障电弧灼伤。

图 2-9 阻燃包带典型应用

电缆夹层中的电缆接头及该范围内邻近并行敷设的其他电缆应采用防火涂覆材料进行表面阻燃处理，即在接头及其两侧 2～3m 和相邻电缆上绕包阻燃带。位于检修孔、拱顶、露天电缆槽、其他存在隐患或会发生通信故障的露天场所的高压电缆，以及重要通信、控制电缆，都应采用阻燃包带保护，胶带用玻璃纤维带固定。

2.3.3 防火封堵组件

防火封堵组件由多种防火封堵材料以及耐火隔热材料共同构成，是维持结构耐火性能，便于更换的组合系统。

防火封堵材料按用途可分为孔洞用防火封堵材料、缝隙用防火封堵材料、塑料管道用防火封堵材料。孔洞用防火封堵材料用于贯穿性结构孔洞的密封和封堵，是保持结构整体耐火性能的防火封堵材料。管道用防火封堵材料用于塑料管道穿过墙面、楼地板等孔洞时，是保持结构整体耐火性能所使用的防火封堵材料及制品。

防火封堵材料按组份和性能特点可分为一般防火封堵材料和专用防火封堵材料。一般防火封堵材料主要指建筑、制造领域中常见的钢板、玻璃、瓷砖、石棉、现浇混凝土板或砂浆等不燃或难燃材料；专用防火封堵材料指用于密封或填塞建筑物、构筑物以及各类设施中的空开口、贯穿孔口、环形间隙和建筑缝隙，包括对被防护体外表做防火处理且便于更换的特性材料，具有防火、防烟、防尘、防潮、防腐蚀、防分裂及隔热等特性。

工程中所指的防火封堵材料通常指的是专用防火封堵材料，可细分为无机堵料和有机堵料。

2.3.3.1 无机堵料

无机堵料是以无机材料为主要成分的粉末状固体，主要有防火灰泥、防火板和防火喷涂矿棉板等。

（1）防火灰泥又称无机防火泥或速固防火堵料。防火灰泥以水泥为基料，配以填充料等混合而成，硬化后无收缩，具有防火、防烟、防水、隔热和抗机械冲击的性能。防火灰泥主要用于混凝土和砌块构件内较大尺寸的贯穿孔口和空开口的防火封堵，例如无机防火砖就是用此材料制成。

（2）防火板。防火板为硬质、材料厚度均匀的不燃板材，如图 2-10 所示，具有防火、隔热性能和承载能力，可分为同质单体、复合体、混合体三种类型，适用于较大尺寸的贯穿孔口和空开口，切割后采用具有防火性能的紧固件固定在被贯穿物上。

图 2-10　防火板

（3）防火喷涂矿棉板。防火喷涂矿棉板为半硬质产品，厚度均匀，由矿棉材料和一定厚度的防火涂层制成，可用于较大尺寸的贯穿孔口和空开口的防火封堵。

2.3.3.2　有机堵料

有机堵料以有机材料为黏结剂，具有一定柔韧性或可塑性，产品为胶泥状物体，主要有防火密封胶、防火泥和防火发泡砖等。

（1）防火密封胶。防火密封胶是一种高分子的塑胶材料，能黏结在多种建材表面，在空气中硬化。在高温或火灾环境下，体积膨胀，表面碳化，具有防火、防烟和隔热性能，主要适用于较小环形间隙和管道公称直径小于 32mm 的可燃管道的防火封堵以及电缆束间的间隙封堵。

（2）防火泥又称有机防火泥。防火泥以有机材料为主要成分，具有一定可塑性和柔韧性。在空气中不会硬化或龟裂，在高温或火灾环境下，体积膨胀并表面碳化，具有防火、防烟和隔热性能。防火泥主要用于较小环形间隙和管道公称直径小于 32mm 的可燃管道的防火封堵以及电缆束之间间隙的封堵。

图 2-11　防火封堵组件典型应用

（3）防火发泡砖又称阻火模块。防火发泡砖为不同形状和尺寸的柔性块状物，可暂时或永久地封闭贯穿孔口或空开口。在高温或火灾环境下，体积膨胀并表面碳化，具有防火、防烟和隔热性能。防火发泡砖适用于贯穿物经常变更的场所。防火发泡砖一般是立方体，用于矩形孔口的封堵；防火塞一般为圆柱形或圆锥形，适用于圆形贯穿开口的封堵。

（4）防火泡沫又称阻燃泡沫。防火泡沫与空气混合后，在室温下迅速膨胀，对孔口内所有间隙进行封堵。当暴露于高温或火灾环境时，防火泡沫体积继续膨胀并表面碳化，具有防火和防烟性能，用于施工困难且贯穿物复杂情况下贯穿孔口的防火封堵，图 2-11 为防火封堵组件的典型应用。

2.3.4　防火防爆盒

防火防爆盒应满足以下要求：采用整体预制式或组装式，耐火性能满足 A1 级，爆炸发生时保持结构完整，以免造成二次伤害；采用封闭式保护，电缆接头须被防火防爆盒封闭，材质为不导磁材料，以免形成铁磁回路；耐水、油、耐化学防腐蚀性强、无毒无害，且便于现场拆卸和安装。

电缆中间接头防火防爆盒采用阻燃型复合材料，如图 2-12 所示。适用于电缆截面积在 25～630mm^2 中间接头的外层保护，与阻燃包带、防火泥配合使用。可防止电缆接头因缺陷、静电等原因产生的火花引起外界气体、可燃物等不确定环境爆炸或燃烧，防止产生二次灾害。

图 2-12　电缆接头防火防爆盒

2.3.5　防火分区与防火隔断

防火分区是根据建筑物的特点，用相应耐火性能的建筑构件或防火分隔物（矿棉、玻璃纤维、石膏板等不燃材料）将建筑物人为划分，能在一定时间内防止火灾向同一建筑物的其他部分蔓延的局部空间，通过隔离火源或封闭空气流通以达到减少或控制火势蔓延的作用。防火分区通过防火墙和防火门来实现。

（1）防火墙。防火墙耐火极限不低于 3h，常见的是砖石砌块类或钢筋混凝土类，石膏板、轻钢骨架与无机材料复合板等新型防火墙的应用也日益广泛。防火墙按安装位置分为外防火墙、内防火墙和室外独立防火墙。

（2）防火门。防火门指在一定时间内能满足耐火稳定性、完整性和隔热性要求的门。常规防火门如图 2-13（a）所示，通常设在防火分区间、疏散楼梯间、垂直竖井、电缆隧道/沟/桥架以及上述通道分支处及出入口等处，包括公用主电缆沟道的分支处、多段配电装置对应沟道的适应分段处、长距离沟道相隔 100～200m 或通风区段处、至控制室或配电装置的沟道入口、厂区围墙等，起阻止火势蔓延和烟气扩散的作用。隧道防火门一般用在防火墙上，且在墙边设置手持灭火器，如图 2-13（b）所示。隧道内防火分区一般每隔 100～200m 设置阻火分隔。

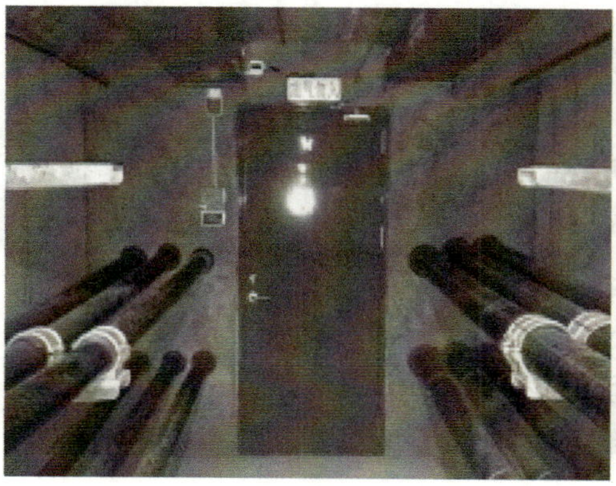

(a)

(b)

图 2-13　防火门

（a）常规防火门；（b）电缆隧道防火门

2.3.6 通道火情探测技术与通道灭火消防技术

通道火情探测技术主要采取主动式监测和联动预警的方式。监测的数据包括温度、气体、烟浓度等，整套系统包括火灾探测综合主机、分析单元、取样单元等，可用于隧道等场所，以减少火灾事故发生，避免人身伤害，减少经济损失。

通道内常用灭火技术包括超细干粉灭火、气溶胶、细水雾灭火等技术。常见的灭火装置包括灭火弹、气溶胶灭火器等，其中灭火弹利用烟火药剂的燃气能量及超细干粉灭火剂覆盖，能远距离瞬间扑灭 A、B、C、E 类火灾，应用规模最大。

2.4 消防成套装备

2.4.1 消防器械

消防技术装备直接制约或决定着灭火时采用的方式及结果，现着重介绍供灭火剂器具和破拆器具。

2.4.1.1 消防喷射器具

消防喷射器具是将水、泡沫、干粉灭火剂从灭火剂源按一定的流形喷洒向火场，有消防水枪、水炮等。

消防水枪有直流水枪、喷雾水枪、两用水枪（直流+开花/喷雾）和多用水枪（直流+开花+喷雾）。直流水枪喷射柱状水流，射程远、流量大、冲击力强，可用于远距离扑救一般固体火灾，也可作为灭火时的辅助冷却。喷雾水枪喷射雾状水流，对建筑物室内火灾具有很强的灭火能力，同时还可用于扑救带电设备火灾、可燃粉尘火灾及部分油品火灾。扑救一般火灾时，喷雾角以 30°～50° 为宜；扑救强酸、强碱及可燃性粉尘火灾时，应适当扩大雾化角，减少冲击力，防止飞溅事故的发生；扑救电力火灾时，应有正确的方法和可靠的安全措施。

可视万向消防水枪如图 2–14 所示，枪身采用高压钢丝软管结构，枪头可调换成直流、开花、喷雾、多功能、泡沫等，可实现 360° 无死角灭火，射程和传统水枪差不多，消防员可利用门、窗等掩体在室外进行灭火。同时，该水枪还具备微型夜视摄像功能，消防员可通过手机、平板电脑等后方接收装置直接查看火场内部情况，实现了侦查、灭火一体化，达到精准打击火点的效果。

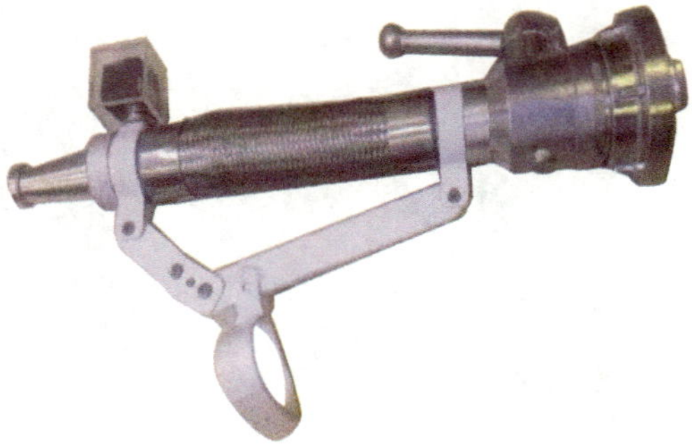

图 2–14 可视万向消防水枪图

水炮能够将大量水雾化，远距离喷射出去，通过巨大的热交换面积和立体包裹，在实现高效降温灭火的同时，还具有除烟除毒的作用。

新型灭火设备涡扇炮可用于水资源匮乏及不适合用水降温灭火的场所，如图 2-15 所示。与传统的泡沫水炮相比，该装置用水量更少，灭火效果更好，安全性能更佳。

悬浮灭火机器人的主体是一条连接消防车的粗喷水喉管，喉管前端和中间部位有喷水口，喷水时，水的喷射力会使机器人悬浮在空中。机器人前端设有摄像镜头，消防员可观察火场内的情况，并控制机器人前进或左右移动喷水灭火。该灭火机器人可应用于消防员无法靠近的火场，效率高，节省水资源。

图 2-15　涡扇炮

2.4.1.2　破拆器具

破拆器具是消防人员在灭火或救人时强行开启门窗、拆毁建筑物，开辟消防通道，清除阴燃余火及清理火场时的常用装备。破拆器有手动、液压、机动、电动、气动和化学切割等类型。

高压室消防机器人，主要由地面移动车和控制终端组成，操作人员可以通过远程控制终端遥控消防机器人进行作业，消防机器人在移动过程中可自主避开或靠近配电柜，还可通过带有红外功能的摄像头设备对环境信息进行采集，并实时上传至控制终端。当发生火情时，消防机器人可及时到达着火地点，对观察窗进行破拆并灭火。

电力隧道消防机器人通过电源模块、激光雷达测距模块、伺服控制模块和电机驱动电路之间相互协调合作完成救援，其体系结构如图 2-16 所示。消防机器人具有响应性高、避障有效性好等特点，能灵活避开电力隧道中的障碍物并完成消防救援工作。

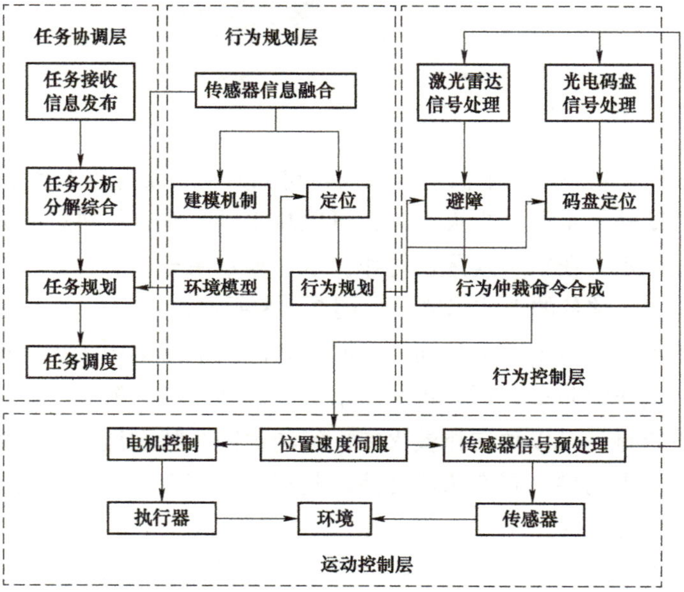

图 2-16　消防机器人体系结构

2.4.2 消防汽车

消防交通装备是供灭火、辅助灭火或消防救援的机动消防技术装备，可设计成适宜消防队员乘用或装备各类消防器材、灭火剂的消防车。

现代消防车通常会配备钢梯、水枪、便携式灭火器、自持式呼吸器、防护服、破拆工具、急救工具等装备，部分消防车还会搭载水箱、水泵、泡沫灭火装置等大型灭火设备。消防车种类多样，功能复杂，按功能可分为灭火消防车、举高消防车、专勤消防车和后援消防车。

2.4.2.1 灭火消防车

灭火消防车可喷射灭火剂，独立扑救火灾，主要有泵浦消防车、水罐消防车、泡沫消防车、二氧化碳消防车、干粉消防车、联用消防车等。

泵浦消防车指搭载水泵的消防车又称泵车、泵浦车，装备消防水泵和其他消防器材及乘员座位，在火灾现场利用现场消防栓或水源直接吸水灭火，也可用来向火场其他灭火喷射设备供水，如图 2-17 所示。泵浦消防车机动灵活，适用于水源道路狭窄的城市和乡村。

图 2-17　泵浦消防车

水罐消防车又称水箱车，除了消防水泵及器材以外，还设有较大容量的储水罐及水枪、水炮等，可以不借助外部水源独立灭火，也可以从水源吸水直接进行扑救，或向其他消防车和灭火喷射装置供水。在缺水地区也可作供水、输水用车，适合扑救一般性火灾，是公安消防队和职业消防队常备的消防车辆，如图 2-18 所示。

泡沫消防车和水罐消防车基本相同，不同点为泡沫消防车用于灭火的是泡沫，而水罐消防车用的是水。泡沫消防车主要装备消防水泵、水罐、泡沫液罐、泡沫混合系统、泡沫枪、炮及其他消防器材，可以独立扑救火灾。泡沫消防车特别适用于扑救石油及其产品等油类火灾，也可以向火场供水和泡沫混合液，是石油化工企业、输油码头、机场以及城市专业消防队必备的消防车辆。

超重型泡沫消防车见图 2-19，具有超过 400L/s 的泵组大流量，超大流量消防炮射程超过 150m，流量大、射程远且具有远程供水中继加压功能，主要扑救石化类重、特大火灾。

图 2－18　水罐消防车

图 2－19　超重型泡沫消防车

二氧化碳消防车装备有二氧化碳灭火剂的高压储气钢瓶及成套喷射装置，有的还设有消防水泵，主要用于扑救贵重设备、精密仪器、重要文物和图书档案等火灾，也可扑救一般物质火灾。

干粉消防车装备干粉灭火剂罐、干粉喷射装置、消防水泵和消防器材等，主要使用干粉扑救可燃和易燃液体、可燃气体火灾、带电设备火灾，也可以扑救一般物质火灾。对于大型化工管道火灾扑救效果尤为显著，是石油化工企业常备的消防车。

联用消防车为 2 种及以上灭火剂组合的消防车，常见的有泡沫－干粉联用消防车。车上的装备和灭火剂是泡沫消防车和干粉消防车的组合，既可以喷射不同的灭火剂，也可以单独使用，适用于扑救可燃气体、易燃液体、有机溶剂和电力设备以及一般物质火灾。

2.4.2.2　举高消防车

举高消防车装备举高和灭火装置，是可进行登高灭火或进行消防救援的消防车，包括云梯消防车、登高平台消防车和举高喷射消防车。

云梯消防车设有伸缩式云梯，可带有升降斗转台及灭火装置，供消防人员登高进行灭火和营救被困人员，适用于高层建筑火灾的扑救。世界上现有最高的消防云梯大概能抬到 112m，约 40 多层楼的高度。

登高平台消防车如图 2－20 所示，消防车设有大型液压升降平台，供消防人员登高扑救高层建筑、高大设施、油罐等火灾，营救被困人员。

举高喷射消防车装备有折叠、伸缩或组合式臂架、转台和灭火喷射装置，在转台或地面上遥控操作，喷射炮可通过液压马达实现一定角度范围的内俯仰，可调节喷射水成直流状或开花喷雾状，能有效控制较大面积的火灾。消防人员可在地面遥控操作臂架顶端的灭火喷射装置，在空中向施救目标进行喷射扑救。

重型粉剂多功能举高消防车如图 2－21 所示，对消防车的臂架系统、支撑系统进行了优化，采用镀钨工艺对输送管道进行了耐磨耐腐蚀处理，设计了水泥粉体专用高性能喷头和水泥槽罐车快速对接口，能进行精准、高效的灭火，可喷射水、泡沫、干粉、水泥粉剂等多种灭火剂，适用于包括 D 类金属火灾在内的多种火灾扑救工作。

图 2－20　登高平台消防车

图 2－21　重型粉剂多功能举高消防车

2.4.2.3　专勤消防车

专勤消防车是指担负除灭火之外的某专项消防技术作业的消防车，包括通信指挥消防车、照明消防车、抢险救援消防车、勘察消防车等。

通信指挥消防车设有电台、电话、扩音等通信设备，可供火场指挥员指挥灭火、救援和通信联络，通常会在应对需要指挥调度的任务时出动。

照明消防车是以灭火救援现场照明为主要功能的特种消防车，车上装备发电机、固定升降照明塔、移动灯具以及通信器材，为夜间灭火、救援工作提供照明，同时兼作火场临时电源，为通信、广播宣传和破拆器具提供电力。

抢险救援消防车是为火灾和各种事故现场提供抢险救援器材和物资的特种消防车。车上一般装配起吊、牵引、发电、照明等功能，并装载大量先进的抢险救援工具和器材（包括消防员特种防护设备、消防破拆工具及火源探测器等），是担负抢险救援任务的专勤消防车。

勘察消防车装备有勘察柜、勘察箱、破拆工具柜，装有气体、液体、声响等探测器与分析仪器，也可根据用户要求装备电台、对讲机、录像机、录音机和开闭路电视，是一种适用于公安、司法和消防系统特殊用途的勘察消防车。它用于火灾现场、刑事犯罪现场及其他现场的勘察，还适用于大专院校、厂矿企业、科研部门和地质勘察等单位。

排烟消防车是以排烟、通风为主要目的的特种消防车，车上装备风机、导风管，用于火场排烟或强制通风，使消防队员进入着火建筑物内进行灭火和营救工作。它适宜扑救地下建筑和仓库等场所火灾，其中负压排烟多用于地下工程和井下场所，正压送风排烟多用于地上建筑（如隧道）和危化品气体泄漏扑救。

宣传消防车装备影视、录放音响和发电设备，是进行防火宣传的专勤消防车。

消防坦克由军用坦克改装，是专用于城乡消防的特殊坦克，属于特种坦克的一种，具有防火、防暴、防毒、清障等突出的功能特点。消防坦克多用于危险化学品泄露、大规模严重火灾等重大火情，凭借其装甲厚重、动力强劲、越野破障的优势突入火场，但由于公路机动性差，成本高昂且耗油量大，因此较为罕见。

2.4.2.4 保障消防车

保障消防车向火场补充各类灭火剂或消防器材包括器材车、消防医疗车、消防生活保障车等。

消防器材车是将消防吸水管、消防水带、接口、破拆工具、救生器材等各类消防器材及配件运送到火场的消防车。消防医疗车装备担架、氧气呼吸器等医疗用品、急救设备，用来救护和运送火场伤亡人员。消防生活保障车是为消防提供应急生活保障的消防车。

2.4.3 消防飞机

新型消防无人机如图 2–22 所示，可向火场输送 3 t 以上的水或阻燃剂，同时这架飞机还能进行长时间的战术侦察飞行，使消防员、地面操作员能够实时了解火灾速度、强度和方向的传播情况。

消防直升机广泛应用于日常的林区消防巡逻、火情监察等任务中。卡–32A11BC 消防灭火直升机如图 2–23 所示，该直升机可以外挂机腹水箱系统，也可以直接吊装水桶进行投水作业，一次投放的水量可达 3t 以上。另外，由于共轴双旋翼布局的悬停气动效率较高，对于经常需要悬停的灭火作业来说是一个巨大优势。

图 2–22 新型消防无人机

图 2–23 消防灭火直升机

3 变电站消防

变电站内有大量的高低压设备，如变压器、电容器等，在严重过热和故障情况下极易引起火灾，甚至波及其他电气设备。变电站内敷设的电缆密集度高，若发生故障容易引起电缆着火，电缆着火蔓延速度快，会引燃与其相连的电气表盘、设备、仪表等，酿成重大火灾。

目前，变电站正向着自动化、无人化发展，无人值守变电站的火灾事故的预防和处理存在着发现迟、处置慢的问题，需要采用科技含量高、可靠性和自动化程度更高的设施，实现更快更有效的灭火，以保证电力设备和变电站建筑安全。

本章分析变电站的消防风险，详细介绍变电站的防火规范和措施，从变电站消防灭火角度出发，系统介绍火灾自动报警系统和多种灭火系统。

3.1 变电站消防风险分析

3.1.1 变电站的功能与种类

3.1.1.1 交流变电站的功能与种类

变电站是电力系统的一部分，其功能是变换电压等级、汇集配送电能，主要包括变压器、母线、线路开关设备、建筑物及电力系统安全和控制所需的设施，如图 3–1 所示。

变电站有以下几种分类方式：

（1）按在电力系统中的地位和作用可分为：

1）系统枢纽变电站。系统枢纽变电站位于电力系统的枢纽点，它的电压是系统最高输电电压，枢纽变电站的主变压器容量大，供电范围广，连成环网，全站停电后将引起系统解列，甚至整个系统瘫痪，因此对系统枢纽变电站的可靠性要求较高。

2）地区一次变电站。地区一次变电站位于地区网络的枢纽点，是与输电主网相连的地区受电端变电站，电压等级一般为 220kV 或 330kV，其主变压器容量较大，出线回路数较多，直接从主网受电，向本供电区域供电。全站停电可引起地区电网瓦解，影响整个区域供电，对供电的可靠性要求也比较高。

图 3-1 变电站

3）地区二次变电站。地区二次变电站的主变压器容量与台数根据电力负荷而定，由地区一次变电站受电，直接向本地区负荷供电，供电范围小，全站停电后会造成本地区供电的中断。

4）终端变电站。终端变电站在输电线路终端，接近负荷点，经降压后直接向用户供电，全站停电后会造成终端用户停电。

（2）按安装位置可分为：

1）室外变电站。室外变电站因控制直流电源等设备，其主要设备变压器、断路器、隔离开关等均布置在室外。这种变电站建筑面积小，建设费用低。电压等级较高的变电站一般均采用室外布置。

2）室内变电站。室内变电站的主要设备均放在室内，减少了总占地面积，但建筑费用较高，适宜市区居民密集地区或位于海岸、盐湖、化工厂及其他空气污秽等级较高的地区。

3）地下变电站。在人口和商业高度集中的大城市，由于城市用电量大，建筑物密集，将变电站设置在城市大建筑物、道路或公园的地下，可以减少占地面积。随着城市电网的改造和发展，位于城区的变电站乃至大型枢纽变电站将更多地采用地下变电站。

4）箱式变电站。箱式变电站又称预装式变电站，如图 3-2 所示，是将变压器、高压开关、低压电力设备及其相互的连接和辅助设备紧凑组合，按主接线和元器件不同，以一定方式集中布置在一个或几个密闭的箱壳内。箱式变电站通常容量不大，电压等级为 3～35kV，现已制造出了 132kV 的箱式变电

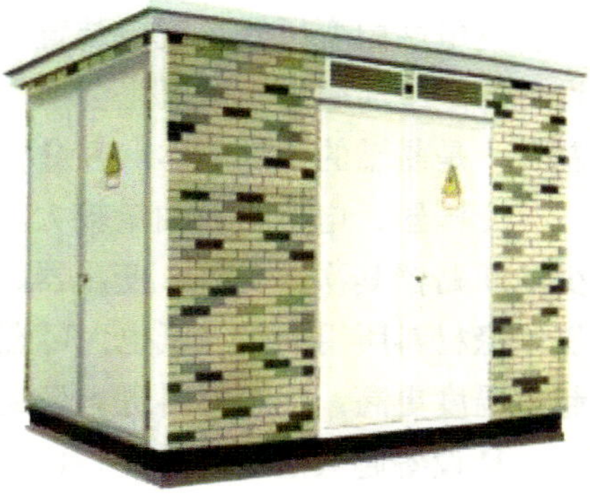

图 3-2 箱式变电站

站。箱式变电站是在工厂设计和制造的，结构紧凑、占地少、可靠性高、安装方便，已广泛应用于居民小区和公园等场所。箱式变电站按照装设位置的不同又可分为户外和户内两种类型。

5）移动变电站。移动变电站是将变电设备安装在车辆上，以供临时或短期用电场所的需要。

（3）按值班方式可分为：

1）有人值班变电站。有人值班变电站指有运行操作人员的变电站，大容量、重要的变电站大都采用此种方式。

2）无人值班变电站。无人值班变电站指借助微机远动等自动化技术，值班人员在远方获取相关信息，并对变电站的设备运行进行控制和管理，是一种使用先进运行管理模式的变电站。

（4）按使用功能可分为：

1）升压变电站。升压变电站是把低电压变为高电压的变电站，例如在发电厂需要将发电机出口电压升高至系统电压，就是升压变电站。

2）降压变电站。与升压变电站相反，降压变电站是把高电压变为低电压的变电站。在电力系统中，大多数的变电站是降压变电站。

3.1.1.2 换流站的功能

高压直流输电系统通过换流站和交流系统相连，换流站是直流输电系统的重要组成部分，典型的换流站如图 3-3 所示。换流站内的一次设备主要有换流器、换流变压器、平波电抗器、无功补偿装置、交直流滤波器、交直流各种开关设备、交直流各种测量装置以及交直流各种避雷器等，二次设备包括控制与保护装置以及远程通信系统等。

图 3-3 ±800kV 换流站

3.1.2 电力设备起火原因分析

变电站由变压器、配电装置、控制设备和辅助设施等组成。除电容器绝缘油外，其他设备的绝缘油通常为碳氢化合物，闪点为 140℃左右，燃点是 165～190℃，自燃点是 330℃左右，是易燃的绝缘液体，容量和储油量越大，危险性越高。

变压器、电抗器的油量较大，因此火灾的危险性最高，消弧线圈、互感器、电容器、少油断路器其次。另外，变压器、电流互感器、电压互感器、电抗器、消弧线圈、电容器等绝缘材料所用的绝缘纸也为可燃物，属 A 级绝缘，最高运行温度是 105℃，火一旦燃烧起来温度更高，绝缘材料进一步提高了火灾的危险性。

从设备起火的原因分析，由短路故障引起的起火事件最多，其次是过负荷，然后是设备质量和工艺缺陷等问题，另外还有过热和老化、谐振过电压等。

3.1.2.1 油纸绝缘设备

电力系统油纸绝缘设备包括油浸式变压器、油浸式电压互感器、油浸式电流互感器、油浸式消弧线圈等，如图 3–4 所示，它们的火灾危险源主要是可燃绝缘油，绝缘油受热蒸发后和空气混合构成爆炸混物，当变压器因短路或设备故障时，会引起套管爆炸、压力释放阀喷油、变压器箱体开裂等事故，如有电火花则极易引起燃烧。

图 3–4 油浸式变压器、电压互感器、电流互感器和消弧线圈

变压器绝缘油具有绝缘和散热双重作用，在高温状态下具有可燃物的所有特性。变压器正常运行时的工作油温一般为 50～70℃，最高油表面温度不会超过 95℃。发生故障时，当温度达到 400℃时会开始产生轻微的分解，如果长时间保持该温度，就会分解出甲烷、乙烷和丙烷等饱含碳氢化合物的气态可燃物；若过热温度大于 400℃，则变压器油的分解速度加剧，此时主要产生乙烯、丙烯等不饱和碳氢化合物；当温度再升高甚至达到 800℃时，变压器油的分解能力最强；当过热温度超过 800℃时，变压器油几乎全部分解为氢、甲烷和乙炔。

变压器的低能火花放电（如局部放电），在最初变压器油温度较低时将变压器油分解成氢和甲烷。

变压器硅钢片的层间绝缘被破坏和铁芯发热可以使变压器铁芯产生局部过热，其温度可高达 800℃以上。变压器的高能放电可使局部温度高达 3000℃，极易引起火灾和爆炸。

变压器中大量缠绕在金属组件外并浸泡在变压器油中的绝缘子板也是主要的火灾危险源。绝缘子板主要采用油纸绝缘结构，利用绝缘油浸渍绝缘纸，消除绝缘纸纤维孔隙所产生的的气隙，提高其绝缘的电气强度。绝缘纸长时间在温度比较高的环境下使用，热稳定性的大小决定了它的使用寿命。纯纤维素的热稳定性较差，在 100℃以上会慢慢分解出水、CO 和 CO_2。

油浸式变压器起火的具体原因如下：

（1）铁芯局部过热。铁芯硅钢片的绝缘层如果在生产组装时受到损伤，运行中就产生较大的涡流，有涡流的地方温度升高导致局部过热，使绝缘层受损的面积扩大，甚至使铁芯局部熔化，导致附近的绕组绝缘损坏，继而发生短路引起燃烧。铁芯的穿心螺栓绝缘损坏也会产生很大的涡流，导致局部过热。

（2）绕组短路。绕组绝缘损坏或失去绝缘，将会发生匝间短路、层间短路、相间短路和接地短路。短路电弧引燃可燃物，引发变压器油箱严重变形开裂、喷油，同时加速变压器的老化。变压器油受热分解出酸性物质反过来又腐蚀绕组的绝缘，导致其多处短路，发生火灾。

（3）套管故障。对于全密封油浸纸电容式瓷套管，如果安装时不小心，套管受机械性冲击或运行中经受过高温会产生裂纹。尤其当套管制造不良，内部电容芯干燥或卷制工艺不足，往往出现放电性击穿故障，严重时容易发生火灾。

（4）分接开关故障。线圈与线圈间、线圈端部与分接头间，如果连接不良或分接头转换开关位置没有放正，接触不良，都可能使接触电阻增大，导致局部过热或产生电火花。分解开关附近的变压器受这种高温和电火花的作用发生劣化，绝缘性能下降，可导致分接开关击穿引起油燃烧或分接开关箱爆裂燃烧。

（5）接头故障。引起套管的接头、引线与分接开关的接头等接触不良，导致接头处局部过热或间歇性火花放电，引燃附近的可燃物。

（6）油箱故障。变压器在制造中如果油箱缝的焊接稍有疏忽，焊缝不严密、不牢固或有假焊，在运输震动和长期运行期间，油的热胀冷缩及油箱壁本身应力受温度影响而导致渗油；套管与油箱连接处的法兰盘不严密或放油阀等需要拧紧螺纹的地方未拧紧都会造成渗油；更为严重的是，当绕组或油箱同其他配件发生短路或接地故障时，产生的电弧将油箱壁烧蚀出小孔洞，会导致油箱漏油。渗油和漏油都给变压器埋下了火灾隐患。

（7）变压器油劣化。在变压器中起电气绝缘和循环散热双重作用的变压器油，由于过载引起的高温、铁芯过热和绕组短路等故障导致的局部过热和电火花高温的影响，发生氧化反应生成多种溶于油的酸类和氧化物，严重腐蚀绕组的绝缘，阻碍油的循环且影响散热效果。

（8）保护装置失灵。气体继电器、电接点温度计、吸湿器等保护装置失灵或选配不当，使保护不起作用，将会使故障扩大变性。

（9）变压器过热。变压器的温升反常会加速变压器油的老化、分解、析出可燃气体，油受热分解产生的酸性物质会腐蚀绕组的绝缘，产生的油泥会阻碍绕组的散热，使绕组的绝缘强度下降，导致绕组绝缘被击穿。热解产生的气体会导致油箱爆裂喷油燃烧。

（10）雷击过电压。变压器与架空线路连接侧装设的避雷设备不完善，或者避雷设备受损年久失修，雷击过电压传入变压器，可能会导致变压器的套管与油箱之间发生闪络，引起油箱盖上的可燃物燃烧；也可能导致油箱内的套管部分对油箱放电，引起油箱爆裂燃油燃烧；还可能导致绕组过电压击穿短路，或绕组对油箱的绝缘被击穿造成油箱爆裂喷油燃烧。

3.1.2.2 干式电力设备

干式电力设备包括干式变压器、干式消弧线圈等。干式变压器属无油、难燃性变压器，如图 3–5 所示。与油浸式变压器相比，干式变压器的防火性能更好，多用于对防火要求较高的场所，但其对环境有一定要求不能太潮湿、

图 3–5　干式变压器

不能有太多的灰尘和污秽等。

干式变压器一般在室内安装使用，存在一定的火灾风险。干式变压器表面若接触外部火源可能被引燃；带电运行中的干式变压器本身就是潜伏起火源，可能起燃。常见的起燃原因有：干式变压器温升异常造成局部或整体过热，外部或内部短路以及绝缘击穿产生电火花和电弧。目前，变电站接地变压器、站用变压器、干式消弧线圈大部分是树脂浇注型干式变压器，主要采用固体绝缘材料，主要成分有环氧树脂、固化剂、增塑剂以及玻璃纤维布、带、毡填充的绝缘物等，变压器运行中发生电弧或外部着火等异常现象可能导致树脂燃烧。

绝缘老化是引起变压器燃烧着火的主要原因。运行中的干式变压器要承受所加电场和空载损耗、负载损耗等产生的热量和环境（如空气中的温度）对绝缘的影响，导致绝缘老化、绝缘击穿。

干式变压器绝缘老化可分为电老化、热老化及局部放电：

（1）电老化。干式变压器绝缘长期在电场作用下，将逐渐产生某些物理、化学变化，从而使介质性能发生劣化，并随运行时间增长而最终导致绝缘击穿。

（2）热老化。干式变压器运行中产生的损耗转换为热的形式使绝缘的温度升高，在高温下绝缘会产生裂解，使电老化加速。如果绝缘材料的质量或选择达不到绝缘等级的要求，就会使绝缘寿命缩短，绝缘的机械、电气性能逐渐变坏。

干式变压器的损坏多由热老化开始，绝缘中温度分布是不同的，因此绝缘的热老化主要取决于最热点温度。干式变压器运行中的工作温度不应超过绝缘材料允许的温度，应使绝缘具有经济合理的寿命。干式变压器的绝缘寿命与工作温度之间的关系满足6℃法则，即温度每增加6℃，干式变压器的寿命减少一半，反之亦然。

（3）局部放电老化。由于绝缘材料存在某些缺陷以及浇注工艺不够完善，在干式变压器树脂绝缘中总是或多或少或大或小地存在气隙或气泡，导致局部放电，这是树脂绝缘干式变压器老化的主要因素。由于树脂绝缘介电系数比空气大得多，在交流电压下，气隙或气泡中场强按介电系数呈反比分配，电场强度比树脂中的电场强度高得多，局部放电较易发生。局部放电对绝缘结构起很大腐蚀作用，严重时会导致绝缘击穿。

3.1.2.3 断路器

断路器作为开断或接通电源的主要设备，在线路或设备发生短路故障时，可以迅速准确地切断电源，并在尽可能短的时间内熄灭电弧。

断路器在发生故障时可能引起爆炸，采用绝缘油作为灭弧介质增加了爆炸和火灾的危险性，爆炸后高温油发生喷溅，形成大面积的燃烧，引起相间短路或对地短路，破坏电力系统的正常运行，使事故扩大，甚至造成人身伤亡事故。因此，油断路器正逐渐被 SF_6 断路器和真空断路器取代，如图 3-6 所示。

SF_6 断路器和真空断路器中的易燃物主要是植物纤维绝缘材料以及由环氧树脂、固化剂、添加剂等混合而成的胶黏剂，设备发生故障时，产生的局部高温或电弧可能会导致起火燃烧。断路器故障原因主要有：

（a）　　　　（b）

图 3－6　SF_6断路器和高压真空断路器

（a）SF_6断路器；（b）高压真空断路器

（1）断路器容量不足。断路器的制造质量差，不能达到产品铭牌标记的容量参数；检修时改变了断路器的燃弧距离，导致断路器的断流容量降低；系统容量增大而没有对断路器进行扩容导致断路器容量不足。发生以上情况时，会使断路器不能切断短路电流，不能及时灭弧，致使断路器燃烧爆炸，造成输配电系统的重大事故。

（2）断路器故障。断路器失灵，操动机构卡涩，跳（合）闸线圈烧毁；断路器不能开断故障电流；断路器手动机构的快速脱扣装置失灵情况下进行开关的分、合操作；断路器内部绝缘强度降低引起短路等，都可能导致断路器发生爆炸和火灾。

（3）运行操作及维护不当，如断路器自动跳闸后运行人员违反规程多次强送电，使断路器多次受到短路电流冲击；断路器多次切断短路电流后不能按规定及时检修；断路器检修工艺不正确，操动机构调整不当、部件失灵，合接触不良；违章操作或误操作，发生带地线合断路器等事件；操作技能差，在异常情况下仍强合闸送电等，都可能导致断路器发生火灾爆炸事故。

（4）绝缘、灭弧介质不纯。SF_6气体中有水或氧存在时，绝缘灭火能力降低，在高温电弧作用下，SF_6气体与水或氧发生化学反应的产物有强烈的腐蚀性，对灭弧室、触头、喷头进行腐蚀，引发断路器爆炸。

（5）气压太低。SF_6气体介质压力太低时，断路器的灭弧能力降低，甚至不能熄灭电弧，从而引起断路器爆炸。

（6）油面过高，析出的气体在油箱内没有缓冲空间，形成过高压力，引起油箱开裂爆炸起火。

（7）其他原因。操作电源故障、操作电源电压降低、熔断器熔断、辅助接点接触不良，引起断路器故障时拒动；小动物、杂物导体发生跨接或单相接地，引起闪弧、过电压、相间短路；绝缘套管积满灰尘和污垢，产生放电，套管炸裂；断路器绝缘瓷表面放电；连接点过热；支持绝缘子断裂等都可能引起断路器爆炸；雷击、电网谐振过电压等也会造成油断路器爆炸。

3.1.2.4 电容器

图 3-7 高压电容器

电容器中的易燃材料主要是绝缘纸、绝缘油等可燃物。虽然电容器油的主要成分是苄基甲苯，具有良好的热稳定性，属难燃物，但因为含有绝缘油，电容器仍然存在火灾风险。高压电容器如图 3-7 所示。

电容器最普遍的故障是元件极间或对外壳绝缘的击穿，故障发展过程一般为先出现热击穿逐步发展到电击穿，在高温和电弧作用下，产生大量气体，使其压力急剧上升，最后电容器外壳膨胀破裂，直至爆炸起火。当某一电容器发生爆炸后，极有可能引发其余电容器的群爆，流油燃烧起火，引起整个电容器室着火。电容器起火原因具体如下：

（1）操作过于频繁。电容器频繁投切产生过电压危害，电压过高容易击穿电力电容器绝缘，形成相间或对地短路而着火。电容器投入电网时形成振荡回路，产生过电压和过电流。过电压虽然是瞬间的，但过电压对绝缘介质的影响是能够积累的，在安装自动补偿装置后，电容器组频繁操作，电容器的局部放电不断得到激发而加剧，促使绝缘介质的老化和电容量的衰减，导致电容器的爆炸并引起火灾。

（2）维护不到位。电容器温度过高时不采取降温措施，致使绝缘油产生大量的气体使得箱壁变形鼓肚。设备没有进行定期清洁，绝缘子表面污秽严重，在电网出现内、外过电压和系统谐振的情况下容易导致绝缘击穿，表面放电，造成绝缘子套管闪络破损。设备定检不到位，使得设备由于长期运行而出现的潜在缺陷没得到及时发现和消除。

（3）温度过高。依照材料和浸渍剂的不同，电力电容器的运行介质都有规定的最高允许温度，在运行过程中，若电力电容器内部介质温度超过规定，可导致介质耐压强度降低和介质损耗的迅速增加而发热；另外，室温过高，也会导致电力电容器发热起火，致使绝缘油产生大量的气体使得箱壁变形鼓肚，最终爆炸起火。

（4）保护不当，主要包括：① 选用专门保护电容器防止电容器油箱爆炸的熔断器时，采用了额定电流偏大的熔断器熔丝；② 电容器组采用的不平衡或差动继电保护以及延时过流保护等整定值偏大，整定时间过长等。一旦电容器发生故障时不能起到保护作用，会导致火灾爆炸事故的发生。

（5）巡视不到位、不及时。由于对设备的巡视不到位、不及时，使得存在的问题无法及时发现，为火灾事故埋下隐患。如未能及时发现处理电容器瓷套管及外壳渗漏油，导致套管内部受潮、绝缘电阻降低造成击穿放电；无先进的监测技术不能发现内部发生局部放电等。

（6）质量问题。产品本身存在质量问题，如产品制造中卷绕及压叠造成损伤；制造厂在封盖时由于转角处焊接不好，烧焊时间太长，将内部绝缘烧伤；真空度不够；密封不良，引起渗漏油、油位下降、散热条件恶化，同时，潮气和水汽进入，使得内部绝缘受损；对地绝缘不良等，都会引起火灾事故。

（7）高次谐波的危害。谐波能导致系统运行电流、电压正弦波形畸变，加速绝缘介质老化，降低设备使用寿命或使设备因长期过热而损坏，特别是当高次谐波发生谐振时，最易使电容器过负荷过热、振动甚至损坏。

（8）其他设备着火影响。受其他电气设备运行故障或火灾事故扩大影响，导致电容器着火，如电容器组内电抗器着火、断路器拒动产生过电流等因素引起电容器着火。

3.1.2.5 电抗器

电抗器一般分为油浸式电抗器或者干式空心电抗器，油抗为三相一体，类似于变压器，易燃材料主要是绝缘纸、绝缘油等可燃物；干式空心电抗器易燃材料主要是绝缘纸等可燃物。干式空心电抗器由于具有结构简单、损耗小、成本低等优点，已取代油浸式电抗器普遍应用于低压补偿设备中。由于受绝缘老化、电压波动、谐波以及外界环境等因素的影响，干式空心电抗器会在运行中遇到各种问题，严重时会引起着火甚至爆炸等事故。电抗器起火原因具体如下：

（1）温升影响。电抗器长时间运行后，受涡流损耗和电阻损耗影响产生的局部温度升高会导致绝缘材料性能下降，造成匝间短路，引发火灾。

（2）外部环境影响。电抗器外绝缘材料受周边环境温度、湿度、污秽物、化学腐蚀等因素影响，造成沿面放电和匝间短路，进而引发火灾。

（3）漏磁影响。电抗器安装位置不合理，造成和周边设备过近，在电抗器内部产生磁场涡流，使得材料局部发热产生高温，导致火灾的发生。

（4）设备投切过于频繁。在天气剧烈变化时过度的投切也可能导致电抗器烧坏。电抗器投入时过大的电流烧断本身绝缘脆弱的进线，使其他进线电流变大，最终热量累积导致电抗器被烧毁，引起火灾。

（5）保护不当。电抗器出现匝间绝缘劣化或短路后保护没能快速动作并及时切除故障，同样导致故障扩大，易引起火灾。

（6）运行维护不及时。由于对设备的巡视不到位、不及时，使得局部过热、绝像老化、表而污秽等问题无法及时发现并消除，为火灾事故埋下隐患。

（7）质量问题。产品本身存在质量问题，如制造原材料质量较低，尤其是绝缘材料存在薄弱点等。制造工艺把控不严，无法保证线圈的绕制精度以及制造过程中对绝缘层的损伤，易造成绝缘层损害引发火灾。

3.1.2.6 避雷器

变电站普遍采用的是氧化锌避雷器，如图 3-8 所示，其主要作用是吸收大气雷电过电压、操作过电压等的冲击能量，防止过电压进入变电站而损坏电力设备。从结构上避雷器可分为瓷外套氧化锌避雷器、复合外套氧化锌避雷器以及 GIS 罐式氧化锌避雷器，其中瓷外套氧化锌避雷器应用较为广泛。

当氧化锌避雷器承受长期持续运行电压作用时，若产品荷电率过高，超出避雷器承受能力，会加速电阻片老化，阻性电流增加，总泄漏电流、功耗也随之增大，导致避雷器热崩溃而发生爆炸事故。避雷器主要原因如下：

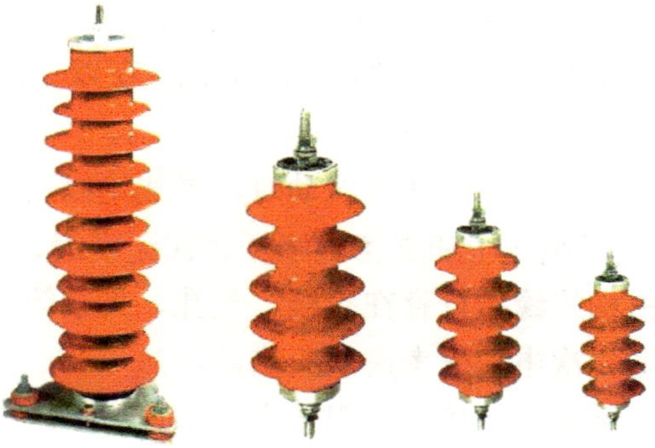

图 3-8 氧化锌避雷器

（1）质量问题。60%的避雷器爆炸为质量问题，主要是质量粗糙导致密封不良，或者总装车间环境不良以及干燥处理不彻底，使得避雷器受潮。另外避雷器的额定电压和持续运行电压取值偏低，在电网发生断线或配电变压器故障而引起谐振时，容易损坏避雷器。

（2）设计不当。避雷器体积过小、总量过轻，容易造成瓷套的干闪、温闪电压太低；固定阀片的支架绝缘性能不良，复合绝缘的耐压强度难以满足要求；阀片方波通流容量较小，不适合在某些场合使用。

（3）电网工作电压波动。配电网的工作电压波动范围很宽，如在稳态下吸收大量能量就可能造成热崩溃。

（4）操作不当。将中性点接地系统变为局部不接地系统，致使施加到某个避雷器两端的电压大大超过其持续运行电压而损坏避雷器。

（5）老化问题。国产避雷器由于老化损坏的极少；进口避雷器爆炸的原因是阀片质量差，主要是其老化特性不好，其次是阀片的均一性差，使电位分布不均匀，运行一段时间后，部分阀片首先老化，造成避雷器参考电压下降，阻性电流和功率损耗增加，而电网电压不变，造成避雷器内其余正常的阀片负荷加重，导致老化加速，形成恶性循环，最终导致避雷器发热崩溃。

3.1.2.7 SF_6类设备（GIS 等）

SF_6气体绝缘设备利用 SF_6气体的惰性进行电气绝缘和灭弧，是当前在电力系统中应用最为广泛的一种绝缘介质。SF_6气体绝缘设备产生火灾的风险较低，但仍存在因 SF_6气体泄漏导致绝缘击穿而引发的一、二次电缆火灾次生事故。

SF_6类设备中可燃物主要是绝缘纸等绝缘材料，绝缘材料老化分解的最主要因素还是电力设备在长期运行时自身产生的热量不断累积，最后导致绝缘内部温度过高。这些热量来自局部放电电能损耗等引起的较高温度。绝缘纸在受热过程中会产生氢气、氧化碳、甲烷、乙烷、乙烯等易燃物，其中在温度接近 100℃时会有氢气、一氧化碳生成；当温度升高至150℃时，氢气、一氧化碳的含量剧增，随之甲烷、乙烷、乙烯的含量也明显增大，遇到明火或电火花会导致设备起火。SF_6 气体绝缘的设备发生火灾基本上是由于设备绝缘遭到破坏，产生放电而导致的。影响电气设备绝缘降低的原因一般有：

（1）设备外绝缘表面污秽严重，导致绝缘击穿引起的事故。

（2）设备长期过载运行，引起载流元件发热，进而导致 SF_6 气体膨胀，压力升高造成 SF_6 气体泄漏，内部绝缘支撑件因长期过热，绝缘劣化，在以上因素的促使下，绝缘击穿引起的事故。

（3）SF_6 气体微水含量过高，在系统有扰动时，导致绝缘击穿事故。

（4）GIS 组合电器的盆式绝缘子和支撑绝缘子存在无裂缝、气孔、夹杂等缺陷。

（5）SF_6 断路器操动机构绝缘拉杆存在裂缝、气孔、夹杂等缺陷，易引起绝缘击穿。

（6）SF_6 气体绝缘设备二次电缆未考虑防火措施。

（7）SF_6 气体绝缘设备区接地网接地电阻过高。

3.1.2.8 电力电缆

电力设备绝缘纸板、面纱、布、木材、塑料、橡胶等燃点一般在 130～590℃范围内，属易燃固态有机物，特别是聚氯乙烯、聚乙烯、天然橡胶等被大量使用的电缆，这些电缆一般在 300～400℃即能引燃，所以电缆火灾也成了变电站火灾的主要部分。

电力电缆的工作环境较差，遇高温会被引燃，发生分解燃烧。在良好通风条件下，被引燃的电线电缆的燃烧火焰很容易沿着电缆的铺设方向快速蔓延，扩大火势，增大危害。电线电缆在燃烧过程中会产生氯化氢、氰化氢、一氧化碳等大量有毒气体和腐蚀性气体，不仅会对人体造成危害，还会腐蚀电子仪器和通信控制系统，使其失去功能。电缆在火灾过程中还会产生高浓度的有毒烟雾，影响视野、妨碍人员逃生以及灭火救援。因此，电缆发生火灾，不仅直接烧损大量价值昂贵的电缆及其他电气设备装置，而且恢复运行时间长、难度大。

电力电缆火灾起火的原因主要有相间短路、对地短路、接触不良和线路过载等，通过可燃物的直接延烧、热传导、热对流等方式火由起火点向其他区域蔓延。对电缆着火导致严重事故的回路、易受外部影响波及火灾的电缆密集电缆沟（夹层、隧道），电缆火灾的主要原因有以下几类：

（1）绝缘损坏引起短路故障。电力电缆的保护铅皮在敷设时被损坏或在运行中电缆绝缘受机械损伤，引起电缆相间或铅皮间的绝缘击穿，产生的电弧使绝缘材料及电缆外保护层材料燃烧起火。

（2）电缆长时间过载运行。由于长时间过载运行，电缆绝缘材料的运行温度超过正常发热的最高允许温度，使电缆的绝缘老化干枯，使绝缘材料失去或降低绝缘性能和机械性能，容易发生击穿着火燃烧，甚至沿电缆整个长度多处同时发生燃烧起火。这种绝缘老化干枯的现象通常发生在整个电缆线路上。

（3）油浸电缆因高差发生淌油、漏油。当油浸电缆敷设高差较大时，可能发生电缆淌油现象。淌油使电缆上部干枯，电缆的热阻增加，使纸绝缘焦化而提前击穿。另外，上部的油向下淌，在上部电缆头处腾出空间并产生负压力，使电缆易于吸收潮气使端部受潮；电缆下部油积聚产生很大的静压力，促使电缆头漏油。电缆受潮及漏油都增大了发生故障起火的概率。

（4）由于电缆本体或接头故障击穿导致火灾，电缆接头击穿时故障电流很大，达到 10kA 以上，中间接头盒绝缘击穿。电缆接头盒的中间接头因压接不紧、焊接不牢或接头材料选择不当，运行中接头氧化、发热、流胶；在做电缆中间接头时，灌注在中间接头盒内的绝缘剂质量不符合要求，灌注绝缘剂时，盒内存有气孔及电缆盒密封不良、损坏而进入潮气，均能引起绝缘击穿，形成短路，使电缆爆炸起火。

（5）电缆头燃烧。因电缆头表面受潮积污，电缆头瓷套管破裂及引出线相间距离过小，导致闪络着火，引起电缆头表层绝缘和引出线绝缘燃烧。

（6）外界火源和热源导致电缆火灾。如油断路器爆炸火灾的蔓延，酸碱的化学腐蚀，电焊火花及其他火种，都可造成电缆火灾。

3.1.2.9 阀厅区域

换流站的阀厅是换流站的核心设备，是控制交流电的换置，其运行状态对整个直流输电系统的正常运行起到关键影响。阀厅的正常与否直接影响着直流输电系统的安全，其价值约占换流站成套设备总价的四分之一。

常用直流输电工程的换流阀塔均采用悬吊式设计，即换流阀通过绝缘子悬吊在阀厅顶部的钢梁上。换流阀塔主要包括晶闸管组件、电抗器组件、屏蔽罩、悬吊支撑结构、阀避雷器等，通过聚偏氟乙烯（Poly Vinyli Dene Fluoride，PVDF）冷却水管、连接母线、光缆等实现与冷却系统、直流输电系统其他一次设备以及二次控制系统的连接。

换流阀由电力电子器件组成，是将交流电变换成直流电（称为整流）或将直流电变换成交流电（称为逆变）的设备，通常采用 6 脉动换流阀或 12 脉动换流阀。按照触发原理不同可分为光触发晶闸管（Light Trigger Thyristor，LTT）换流阀和电触发晶闸管（Electric Trigger Thyristor，ETT）换流阀。每个晶闸管组件由晶闸管、RC 阻尼回路、直流均压电阻、TCU、散热器、PVDF 水管、夹紧带（玻璃纤维环氧树脂）、电容支架、铝横梁及相关导流回路连接而成，其物理结构如图 3-9 所示。

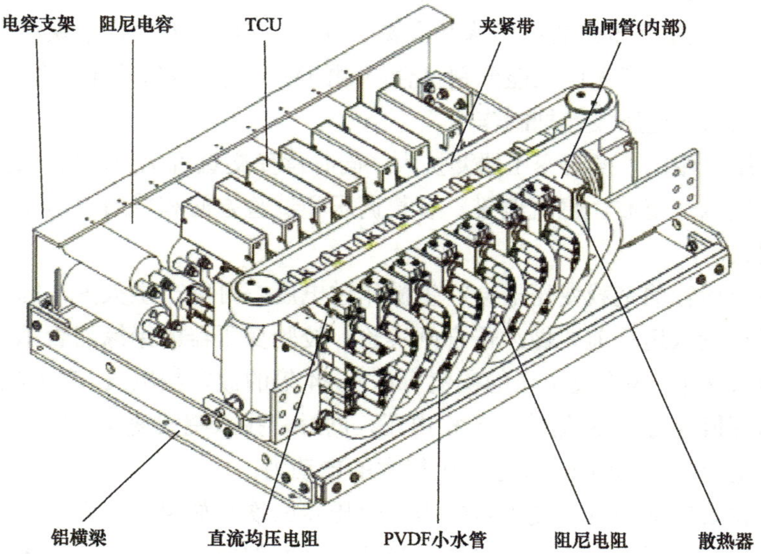

图 3-9 换流阀晶闸管组件结构图

图 3-10　悬挂式换流阀塔

换流阀由大量塑料、合成材料和非导电体组成，结构复杂，元件数量庞大，图 3-10 为悬挂式换流阀。长期在超高压、大电流条件下运行，会产生大量热量，换流阀的绝缘不断老化，绝缘性能会降低。换流阀组件中晶闸管、电容、电阻、触发板等元件多运行在高压、高场强环境中，换流阀因放电、过热等原因发生火灾的情况时有发生。阀内元件或元件间连接故障，形成电弧，通过热辐射、弧道磁性变形会导致附近可燃物燃烧，对周围的元件设备造成损害，酿成火灾。

此外，穿墙套管使阀厅外的换流变压器与阀厅内部贯通，如果发生变压器（包括穿墙套管）爆炸火灾事故也影响到换流阀的安全。充油元件的过热及冷却系统泄漏以及冷水管渗漏引起电弧等，也是发生火灾的重要隐患。

3.1.2.10　换流变压器

换流站专用电力变压器称为换流变压器，换流变压器向换流器提供交流功率或从换流器接受直流功率，是交、直流输电系统中的整流、逆变两端接口的核心设备。它的投入和安全运行是工程取得发电效益的关键和重要保证，图 3-11 为换流变压器。

图 3-11　换流变压器

换流变压器与换流阀一起实现交流电与直流电之间的相互转换，其主要作用有：① 为换流阀换相提供电压；② 将送端交流电力系统的电功率送到整流器或从逆变器接受功率送到受端交流系统；③ 通过两侧绕组的磁耦合实现交流系统和直流部分的电绝缘和隔离；④ 实现电压变换，使换流变压器网侧交流母线电压和换流桥的直流侧电压能分别符合两侧的额定电压及容许电压偏移；⑤ 对从交流电网入侵换流阀的过电压波起抑制作用。

与常规变压器相比，换流变压器漏抗大、同时承受交直流电压应力、有载调压范围广，在短路阻抗、绝缘、谐波、直流偏磁、有载调压和试验方面和普通电力变压器有着不同之处，制造难度大。

切除电网中运行的空载变压器会产生操作过电压，可能产生火灾，因此，新安装或大修后的变压器在投入运行前要做冲击合闸实验，校验变压器的绝缘能否承受操作过电压。在小电流接地系统中，操作过电压的幅值可达 3～4 倍的额定相电压。在大电流接地系统中，操作过电压的幅值也可达 3 倍的额定相电压，同时，投入空载变压器时会产生励磁涌流，其值可达额定电流的 6～8 倍，并会产生很大的电动力。

变压器的铁芯应接地且不能多点接地。变压器的铁芯如果不接地，由于铁芯各部位在电场中所处的位置不同而有不同的电位，当两点之间的电位差达到能够击穿两者之间的绝缘时会产生放电，使变压器油分解，容易使固体绝缘损坏，导致火灾事故发生。变压器的铁芯如果多点接地，相当于铁芯经多个接地点形成短路，会产生一定的电流，导致铁芯局部损耗增加，引起铁芯发热，也会导致火灾。因此变压器的铁芯与其他金属件必须和油箱连接后接地，使它们处于同电位。

换流变压器短路电抗大，有直流偏磁、噪音、发热等特性，若其内部发生爆炸，变压器油在电弧作用下，分解出氢气、乙炔等可燃性气体，产生大量热量，使油温升高，内部压力增大，如果保护装置拒动或现场处理不当，将使事故状态持续过长，引发变压器爆燃。

绝缘套管是换流变压器安全的薄弱环节，套管爆炸起火事故在变压器火灾事故中占很大的比例，原因有以下几种：

（1）受环境和气候影响，套管密封性降低或者表面污染，导致绝缘下降，绝缘击穿引发套管爆炸起火。

（2）套管的结构设计不合理或存在制造工艺缺陷等内部隐患，在长期超高电压下运行，隐患逐步显露，不断扩大，会造成套管爆炸，引起喷油起火。

（3）安装或检修不当也会造成套管爆炸事故发生。套管一旦爆炸起火将直接危及变压器本体的安全，严重时可以引发变压器本体起火，破坏内部结构，造成重大经济损失。

3.1.2.11 平波电抗器

平波电抗器一般串接在每个极换流器的直流输出端与直流线路之间，与直流滤波器一起构成高压直流换流站直流侧的直流谐波滤波回路，减小交流脉动分量并滤除部分谐波，减少直流线路沿线对通信的干扰和避免谐波使调节不稳定，使输出的直流接近于理想直流，是高压直流换流站的重要设备之一，有干式和油浸式两种形式。图 3－12 为换流站内的平波电抗器。

图 3－12 平波电抗器

平波电抗器的功能有：① 与直流滤波器一起构成换流站直流侧的直流谐波滤波回路；② 防止由直流线路或换流站产生的陡波冲击波进入阀厅，使换流阀免于遭受过电压应力而损坏；③ 平滑直流电流中的纹波，避免低直流功率传输时电流的断续；④ 通过限制由快速电压变化引起的电流变化率来降低换相失败率。

油浸式平波电抗器内部绝缘复杂，主要靠油纸绝缘，过负荷运行时，若油位和油温超过规定值，平波电抗器及其套管、接头、冷却器等都可能因过热引起火灾。

干式平波电抗器由于外部环境和自身结构等原因易导致局部过热、绝缘老化，产生火灾。干式平波电抗器本身不带穿墙套管，与换流器之间需要安装穿墙套管，增大了穿墙套管湿闪、污闪的概率。干式平波电抗器自身漏磁，会产生火花及电弧放电，引起火灾。

3.1.2.12 蓄电池组

蓄电池组是变电站直流系统中最重要的部分，为控制、信号继电保护、自动装置及事故照明等提供可靠的直流电源。蓄电池按其用途、制造材料、制造方法等可分为多种类型，当前变电站基本选用阀控式铅酸蓄电池，也有少数选用镉镍蓄电池。阀控式铅酸蓄电池因其全密封结构，有无需添加酸液、不漏液、无酸雾、自放电电流小、内阻小、寿命长、安装方便、少维护、无须加水维护等诸多优点而被广泛采用。镉镍蓄电池多用于小容量变电站。

蓄电池基于电解原理而工作，内部有氢气、氧气的循环，在故障情况和偶发因素作用下可能爆发火灾，给变电站造成巨大安全问题。阀控式密封蓄电池引起起火爆炸一般有以下几种原因：

（1）蓄电池内压过高引起蓄电池壳起火爆炸。铅酸蓄电池充电过程中，尤其是充电末期，由于过充电，水分解为氢气和氧气，短路、严重硫化以及充电时电解液温度急剧上升，都会使水分大量蒸发，这时若加液孔盖的通气孔堵塞，气体太多来不及溢出，蓄电池内部的压力将升的很高，先引起蓄电池槽变形，当内压达到一定压力会从蓄电池槽盖结合处或其他薄弱处爆裂，这是一种物理过程。当蓄电池内部压力高于 0.25MPa 时蓄电池发生爆裂，爆裂位置位于槽盖热风结合处或应力集中的边角处。

（2）氢气遇明火形成的蓄电池起火爆炸。氢气和氧气混合气体的起火爆炸极限为氢气占混合气体体积的 4%～96%，氢气和空气的混合气体的起火爆炸极限为氢气占混合气体体积的 4%～74%。如果过充电量的 80%用于电解水，蓄电池内部的氢气含量增加，当蓄电池或空气中的含氢量累积至起火爆炸极限时，遇到明火就会形成起火爆炸，这是一种化学反应。研究发现蓄电池的起火爆炸属于支链起火爆炸反应。此类起火爆炸大多发生在过充电情况下，如果蓄电池内部极柱、穿壁焊等处存在虚焊点，蓄电池的起火爆炸概率较高。

（3）由于蓄电池排气孔堵塞，蓄电池先爆裂，爆裂引起蓄电池震动，极柱接线不牢产生火花，形成起火爆炸。

3.2 变电站防火规范

变电站内电力可燃设备最多，大量的高低压设备和电缆在严重过热和故障情况下非常容易发生火灾，轻则危害供电可靠性，重则造成电网瓦解。做好变电站的防火措施，制定和完善相关的防火规范，是保障电网安全稳定运行至关重要的一项工作。

3.2.1 变电站防火设计标准

有关变电站施工、设计、验收的国家标准如表 3-1 所示。

表 3-1　有关变电站施工、设计、验收的国家标准

标准编号	标准名称	发布部门
GB 50016—2014	建筑设计防火规范	中华人民共和国住房和城乡建设部、中华人民共和国国家质量监督检验检疫总局
GB 50058—2014	爆炸危险环境电力装置设计规范	中华人民共和国住房和城乡建设部、中华人民共和国国家质量监督检验检疫总局
GB 50150—2016	电气装置安装工程电力设备交接试验标准	中华人民共和国住房和城乡建设部、中华人民共和国国家质量监督检验检疫总局
GB 50168—2016	电气装置安装工程电缆线路施工及验收规范	中华人民共和国住建部、中华人民共和国国家质量监督检验检疫总局
GB 50217—2018	电力工程电缆设计规范	中华人民共和国住房和城乡建设部、中华人民共和国国家质量监督检验检疫总局
GB 50229—2019	火力发电厂与变电站设计防火规范：变电站部分	中华人民共和国住建部、中华人民共和国国家质量监督检验检疫总局
GB/T 1200—2016	高压直流换流站设计规范	中华人民共和国住房和城乡建设部、中华人民共和国国家质量监督检验检疫总局
GB/T 50789—2012	±800kV 直流换流站设计规范	中华人民共和国住房和城乡建设部、中华人民共和国国家质量监督检验检疫总局
GB/T 37014—2018	海上柔性直流换流站检修规范	中华人民共和国国家质量监督检验检疫总局、中国国家标准化管理委员会
GB 17945—2010	消防应急照明和疏散指示系统	中华人民共和国国家质量监督检验检疫总局、中国国家标准化管理委员会
GB/T 5464—2010	建筑材料不燃性试验方法	住房和城乡建设部、国家市场监督管理总局
GB 51309—2018	消防应急照明和疏散指示系统技术标准	住房和城乡建设部、国家市场监督管理总局
DL/T 5061.5—2002	电气装置安装工程质量检验及评定规范	中华人民共和国国家经济贸易委员会
DL/T 5056—2007	变电所总布置设计规程	中华人民共和国国家发展和改革委员会
DL/T 5390—2014	发电厂和变电站照明设计技术规定	国家能源局
DL/T 5223—2005	高压直流换流站设计技术规定	中华人民共和国电力行业标准
DL 5027—2015	电力设备典型消防规范	国家能源局
Q/GDW 11652—2016	换流站设备验收规范	国家电网公司
Q/GDW 11403—2015	±800kV 及以上特高压直流工程换流站消防设计导则	国家电网公司

随着火灾科学与消防工程科学的不断发展、大量工程经验的积累、中国法律制度的不断完善，制定了性能化设计规范和相关安全法规制度。

3.2.2 变电站设备及建（构）筑物设施耐火要求

3.2.2.1 位置选择

变电站通常选址在接近负荷中心，大容量用电设备、进出线方便、交通便利、靠近电源侧的位置，对于生产过程存在潮湿性的车间、厕所、浴室或其他经常供水场所的正下方，不予建立变电站，且应尽量不设在有低洼地势易造成积水，剧烈振动多尘或腐蚀性气体的

场所。宜布置在变电站常年盛行风向的下风侧或最小风频的上风侧，以防止火灾蔓延或易燃易爆物质侵入变电站。此外，对于高层建筑地下层的变电站位置，宜选择在通风、散热条件较好的场所，且不宜设在最底层；当地下仅有一层时，应采取适当抬高该处地面等防火措施，不应设在耐火等级为三、四级的建筑中。

油浸式电力变压器、充有可燃油的高压补偿电容器和多油开关等用房宜独立建造，变电站不容许与教室、办公大厅、观众大行等聚集人员多的房间贴邻，以防止因火灾或爆炸事故造成人员伤亡。若必须与其他民用建筑贴邻时，必须通过防火墙隔开。与高层建筑贴邻时，还应设置在耐火等级不低于二级的建筑内。而且这种变电站不宜布置在建筑物的主体建筑内，如因条件限制，必须布置在主体建筑内时，应采取以下安全措施：

（1）不应布置在人员密集场所的上面、下面或贴邻处，应远离人员密集区，并应采用无门窗洞口、耐火极限不低于3h的不燃烧体隔墙和1.5h的不燃烧体楼板隔开，如必须开门时，应设甲级防火门。

（2）变压器室之间、变压器室与配电室之间应采用耐火极限不低于2h的不燃烧体墙隔开，且变压器室应布置在底层外墙部位，并在外墙上开门，底层外墙开口部位的上方均应设置宽度不少于1m的防火挑檐或高度不小于1.2m的窗槛墙。

（3）油浸式电力变压器、多油开关、高压电容器室，应设置防止油流散的设施。特别是油浸式电力变压器下面方应设置能够储存变压器全部油量的事故油池。油浸式电力变压器的总容量不应大于10kVA，单台总容量不应大于630kVA。

（4）设置火灾报警系统和灭火设施。变电站不应与爆炸危险场所相邻。供甲、乙类厂房专用10kV及以下的变电站，当采用无门窗洞口的防火墙隔开时，可一面贴邻建造，并应符合GB 50058—2014《爆炸危险环境电力装置设计规范》要求。变压器室的进风口尽可能通向屋外，若设在屋内，不允许与尘埃多、温度高或其他可能引起火灾、爆炸的车间连通。

当变电站内建筑的火灾危险性为丙类且建筑的占地面积超过3000m^{2}时，变电站内的消防车道宜布置成环形；当为尽端式车道时，应设回车道或回车场地。消防车道宽度及回车场的面积应符合GB 50016—2014《建筑设计防火规范》的有关规定。变电站站区围墙处可设一个供消防车辆进出的出入口。

3.2.2.2 耐火等级及耐火极限

变电站的耐火能力对限制火灾蔓延扩大和及时进行扑救、减少火灾损失具有重要意义。变电站耐火等级是指站内各建筑物耐火等级，耐火极限是指在标准耐火试验条件下，建筑构件、配件或结构从受到火的作用时起，到失去稳定性、完整性或隔热性时止的这段时间，用小时表示。变电站的耐火等级及耐火极限是衡量耐火程度的标准。建（构）筑物的火灾危险性分类及其耐火等级如表3-2所示。

表3-2　建（构）筑物的火灾危险性分类及其耐火等级

建（构）筑物名称	火灾危险性分类	耐火等级
主控制楼	丁	二级
继电器室	丁	二级

续表

建（构）筑物名称		火灾危险性分类	耐火等级
阀厅		丁	二级
户外直流开关场	单台设备油量 60kg 以上	丙	二级
	单台设备油量 60kg 及以下	丁	二级
	无含油电气设备	戊	二级
配电装置楼（室）	单台设备油量 60kg 以上	丙	二级
	单台设备油量 60kg 及以下	丁	二级
	无含油电气设备	戊	二级
油浸变压器室		丙	一级
气体或干式变压器室		丁	二级
电容器室（有可燃介质）		丙	二级
干式电容器室		丁	二级
油浸电抗器室		丙	二级
干式电抗器室		丁	二级
柴油发电机室		丙	二级
空冷器室		戊	二级
检修备品仓库	有含油设备	丁	二级
	无含油设备	戊	二级
事故储油池		丙	一级
生活、工业、消防水泵房		戊	二级
水处理室		戊	二级
雨淋阀室、泡沫设备室		戊	二级
污水、雨水泵房		戊	二级

为确保变电站的安全运行，站内各建筑物的耐火等级应根据其设备及运行过程中的火灾危险性类别进行设计，耐火极限应根据各建筑物耐火等级进行设计。表 3–2 给出了变电站内各建筑物火灾危险性类别及其耐火等级，各建筑物的耐火等级不得低于表中的规定。表 3–3 给出了建筑物构件的燃烧性能和最低耐火极限，各建筑物的耐火极限不应低于表 3–3 的规定。

表 3–3　建筑物构件的燃烧性能和耐火极限力　　单位：h

名称		耐火等级			
构件		一级	二级	三级	四级
墙	防火墙	不燃烧体 3.00	不燃烧体 3.00	不燃烧体 3.00	不燃烧体 3.00
	承重墙	不燃烧体 3.00	不燃烧体 2.50	不燃烧体 2.00	不燃烧体 0.50
	非承重墙	不燃烧体 1.00	不燃烧体 1.00	不燃烧体 0.50	燃烧体

续表

名称		耐火等级			
构件		一级	二级	三级	四级
墙	楼梯间的墙 电梯井的墙 住宅单元之间的墙 住宅分户墙	不燃烧体 2.00	不燃烧体 2.00	不燃烧体 1.50	难燃烧体 0.50
	疏散走道两侧的隔墙	不燃烧体 1.00	不燃烧体 1.00	不燃烧体 0.50	难燃烧体 0.25
	房间隔墙	不燃烧体 0.75	不燃烧体 0.50	不燃烧体 0.50	难燃烧体 0.25
柱		不燃烧体 3.00	不燃烧体 2.50	不燃烧体 2.00	不燃烧体 0.50
梁		不燃烧体 2.00	不燃烧体 1.50	不燃烧体 1.00	不燃烧体 0.50
楼板		不燃烧体 1.50	不燃烧体 1.00	不燃烧体 0.50	燃烧体
屋顶承重构件		不燃烧体 1.50	不燃烧体 1.00	燃烧体	燃烧体
疏散楼梯		不燃烧体 1.50	不燃烧体 1.00	不燃烧体 0.50	燃烧体
吊顶（包括吊顶搁栅）		不燃烧体 0.25	不燃烧体 0.25	不燃烧体 0.15	燃烧体

换流站的检修备品库储存检修用的电气设备，这些设备有些是含油的，但油量不大，因此仓库的火灾危险性分类应根据储存的设备是否含油确定。

气体式或干式变压器、干式电容器、干式电抗器等电气设备属无油设备，可燃物较少，火灾危险性较低，因此建筑火灾危险性分类确定为丁类。主控制楼的火灾危险性为戊类，可以采用下列措施防火：用防火堵料封堵电缆孔洞，采用防火隔板分隔，电缆局部涂防火涂料，局部用防火带包扎等。

屋外配电装置区域布置露天的电气设备以及设备支架和构架，不属于一般的建筑物，现在的电气设备一般是无油或少油电气设备，设备支架和构架较多为钢结构，不必按建筑的耐火等级规定构架和支架的耐火要求。

建筑中若采用防火分隔措施，则分隔的区域可以分别确定危险性分类和耐火等级，否则应按火灾危险性类别高者来确定，防火分隔措施一般指防火墙。

同一建筑物或建筑物的任一防火分区布置有不同火灾危险性的房间时，建筑物或防火分区内的火灾危险性类别应按火灾危险性较高的部分确定，当火灾危险性较高的房间占本层或本防火分区建筑面积的比例小于5%，且发生火灾事故时不足以蔓延至其他部位或火灾危险性较大的部分采取了有效的防火措施时，可按火灾危险性较低的部分确定。

3.2.2.3 防火间距

变电站防火间距包含站内各建筑物之间、设备之间、建筑物与设备之间、站内建筑物与站外建筑物之间的防火间距。为防止变电站充油电气设备起火时火势向相邻建筑物蔓延并扩大，各建筑物、设备之间应设置一定的防火间距，变电站投入使用时应对照相关规范核验各处防火间距，以保证变电站的安全。变电站与站外各类建筑之间的防护间距以及站内各建筑物之间、设备之间、建筑物与设备之间的防火间距分别如表3-4～表3-6所示。实际设计时防火间距应不小于各表中的规定。

表 3-4　　变电站内外建筑物之间的防火间距

<table>
<tr><th colspan="3" rowspan="2">名　称</th><th colspan="3">室外变电站变压器总油量（t）</th></tr>
<tr><th>5～10</th><th>＞10，≤50</th><th>＞50</th></tr>
<tr><td colspan="3">甲类厂房</td><td colspan="3">25</td></tr>
<tr><td colspan="3">单层、多层乙类厂房（仓库）</td><td colspan="3">25</td></tr>
<tr><td colspan="3">稻草、麦秸、芦苇等易燃材料堆场</td><td colspan="3">50</td></tr>
<tr><td rowspan="4">甲类仓库及其储量（t）</td><td rowspan="2">甲类第 3、4 项物品</td><td>≤5</td><td colspan="3">30</td></tr>
<tr><td>＞5</td><td colspan="3">40</td></tr>
<tr><td rowspan="2">甲类第 1、2、5、6 项物品</td><td>≤10</td><td colspan="3">25</td></tr>
<tr><td>＞10</td><td colspan="3">30</td></tr>
<tr><td rowspan="4">甲、乙类液体</td><td rowspan="8">一个灌区或堆场的总储量 V（m^3）</td><td>$1 \leq V < 50$</td><td colspan="3">30</td></tr>
<tr><td>$50 \leq V < 200$</td><td colspan="3">35</td></tr>
<tr><td>$200 \leq V < 1000$</td><td colspan="3">40</td></tr>
<tr><td>$1000 \leq V < 5000$</td><td colspan="3">50</td></tr>
<tr><td rowspan="4">丙类液体</td><td>$5 \leq V < 250$</td><td colspan="3">24</td></tr>
<tr><td>$250 \leq V < 1000$</td><td colspan="3">28</td></tr>
<tr><td>$1000 \leq V < 5000$</td><td colspan="3">32</td></tr>
<tr><td>$5000 \leq V < 25\,000$</td><td colspan="3">40</td></tr>
<tr><td rowspan="4">湿式可燃气体储罐</td><td rowspan="4">总容积 V（m^3）</td><td>$V < 1000$</td><td colspan="3">20</td></tr>
<tr><td>$1000 \leq V < 10\,000$</td><td colspan="3">25</td></tr>
<tr><td>$10\,000 \leq V < 50\,000$</td><td colspan="3">30</td></tr>
<tr><td>$V > 50\,000$</td><td colspan="3">35</td></tr>
<tr><td rowspan="3">湿式氧气储罐</td><td rowspan="3">总容积 V（m^3）</td><td>$V \leq 1000$</td><td colspan="3">20</td></tr>
<tr><td>$1000 < V \leq 50\,000$</td><td colspan="3">25</td></tr>
<tr><td>$V > 50\,000$</td><td colspan="3">30</td></tr>
<tr><td rowspan="7">液化石油</td><td rowspan="7">总容积 V_1/单罐容积 V_2（m^3）</td><td>$30 < V_1 \leq 50$，$V_2 \leq 20$</td><td colspan="3">45</td></tr>
<tr><td>$50 < V_1 \leq 200$，$V_2 \leq 50$</td><td colspan="3">50</td></tr>
<tr><td>$200 < V_1 \leq 500$，$V_2 \leq 100$</td><td colspan="3">55</td></tr>
<tr><td>$500 < V_1 \leq 1000$，$V_2 \leq 20$</td><td colspan="3">60</td></tr>
<tr><td>$1000 < V_1 \leq 2500$，$V_2 \leq 400$</td><td colspan="3">70</td></tr>
<tr><td>$25\,000 < V_1 \leq 5000$，$V_2 \leq 1000$</td><td colspan="3">80</td></tr>
<tr><td>$V_1 > 5000$，$V_2 > 1000$</td><td colspan="3">120</td></tr>
<tr><td colspan="3">高层厂房（仓库）</td><td>12</td><td>15</td><td>20</td></tr>
<tr><td rowspan="3">单层、多层丙、丁、戊类厂房（仓库）</td><td rowspan="3">耐火等级</td><td>一、二级</td><td>12</td><td>15</td><td>20</td></tr>
<tr><td>三级</td><td>15</td><td>20</td><td>25</td></tr>
<tr><td>四级</td><td>20</td><td>25</td><td>30</td></tr>
</table>

续表

名称			室外变电站变压器总油量（t）		
			5～10	＞10，≤50	＞50
民用建筑	耐火等级	一、二级	15	20	25
		三级	20	25	30
		四级	25	30	35

表 3－5　变电站内建（构）筑物及设备的防火间距（m）

建（构）筑物、设备名称		丙、丁、戊类生产建筑耐火等级		屋外配电装置每组断路器油量(t)		可燃介质电容器（棚）	事故储油池	生活建筑耐火等级	
		一、二级	三级	＜1	≥1			一、二级	三级
屋外配电装置每组断路器油量（t）	＜1	—		—		10	5	10	12
	≥1	10							
油浸变压器、油浸电抗器单台设备油量（t）	≥5，≤10	10		10		10	5	15	20
	＞10 ≤50							20	25
	＞50							25	30
可燃介质电容器（棚）		10		10		—	5	15	20
事故储油池		5		5		5	—	10	12
生活建筑耐火等级	一、二级	10	12	10		15	10	6	7
	三级	12	14	12		20	12	7	8

注　1. 建（构）筑物防火间距应按相邻两建（构）筑物外墙的最近距离计算，如外墙有凸出的可燃或难燃构件时，则应从其凸出部分外缘算起；变压器之间的防火间距应为相邻变压器外壁的最近水平距离；变压器与带油电气设备的防火间距应为变压器和带油电气设备外壁的最近水平距离；变压器与建筑物的防火间距应为变压器外壁与建筑外墙的最近水平距离；

2. 相邻两座建筑较高一面的外墙如为防火墙时，其防火间距不限；两座一、二级耐火等级的建筑，当相邻较低一面外墙为防火墙且较低一座厂房屋顶无天窗，屋顶耐火极限不低于 1h，或相邻较高一面外墙的门、窗等开口部位设置甲级防火门、窗或防火分隔水幕时，其防火间距不应小于 4m；

3. 屋外配电装置间距应为设备外壁的最近水平距离。

相邻两座建筑两面的外墙均为不燃烧墙体且无外露的可燃性屋檐，每面外墙上的门、窗、洞口面积之和各不大于外墙面积的 5%，且门、窗、洞口不正对开设时，其防火间距可按表 3－3 减少 25%。

表 3－6 规定屋外油浸变压器之间的最小间距，变电站的油浸变压器电压等级现在最高为 1000kV，规定 750kV、1000kV 油浸变压器的间距分别为 15m、17m。对于换流变压器，目前的电压等级交流侧为 500kV 和 750kV，而直流侧为 500kV 和 800kV，由于直流侧的套管进入阀厅，因此换流变压器之间的最小间距可按交流侧的电压等级确定。现在油浸电抗器的电压等级越来越高，容量和含油量也很大，对油浸电抗器的防火间距要求与油浸

变压器相同。

表 3-6　屋外油浸变压器之间、屋外油浸电抗器之间的最小间距

电压等级（kV）	最小间距（m）	电压等级（kV）	最小间距（m）
35 及以下	5	220 及 330	10
66	6	500 及 750	15
110	8	1000	17

当油量为 2500kg 及以上的屋外油浸变压器之间、屋外油浸电抗器之间的防火间距不能满足表 3-6 的要求时，应设置防火墙。防火墙的高度应高于变压器储油柜，其长度超出变压器的储油池两侧不应小于 1m。

油量为 2500kg 及以上的屋外油浸变压器或高压电抗器与油量为 600kg 以上的带油电气设备之间的防火间距不应小于 5m。

总油量为 2500kg 及以上的并联电容器组或箱式电容器，相互之间的防火间距不应小于 5m，当间距不满足该要求时应设置防火墙。实际工程中并联电容器组不满足此间距要求时需设防火墙，应合理考虑油量的下限。对于电容器组，总油量是指一组电容器的油量之和，对于箱式电容器，是指一台电容器的油量。

3.2.2.4 安全净距

变电站中配电装置和电气设备中的各种间隔距离是空气中的最小安全净距（*A* 值）。它表明带电部分至地电位的最小安全净距，在此距离下，无论正常或过电压都不会发生空气绝缘的电击穿。为保证安全运行，变电站户内、户外配电装置的最小安全净距应符合相关规范要求，具体分别如表 3-7 和表 3-8 所示。

表 3-7　户外配电装置的最小安全净距

符号	适应范围	系统标称电压（kV）					
		3～10	15～20	35	66	110J	110
A_1	① 带电部分至接地部分之间； ② 网状遮栏向上延伸线距地 2.5m 处与遮栏上方带电部分之间	200	300	400	650	900	1000
A_2	① 不同相的带电部分之间； ② 断路器和隔离开关的断口两侧引线带电部分之间	200	300	400	650	1000	1100
B_1	① 设备运输时，其设备外廓至无遮栏带电部分之间； ② 交叉的不同时停电检修的无遮栏带电部分之间； ③ 状遮栏至绝缘体和带电部分之间； ④ 带电作业时带电部分至接地部分之间	950	1050	1150	1400	1650	1750
B_2	网状遮栏至带电部分之间	300	400	500	750	1000	1100
C	① 无遮栏裸导体至地面之间； ② 无遮栏裸导体至建筑物、构筑物顶部之间	2700	2800	2900	3100	3400	3500

续表

符号	适应范围	系统标称电压（kV）					
		3～10	15～20	35	66	110J	110
D	① 平行的不同时停电检修的无遮栏带电部分； ② 带电部分与建筑物、构筑物的边沿部分之间	2200	2300	2400	2600	2900	3000

注 1. 110J 指中性点有效接地系统；
2. 海拔超过 1000m 时，A 值应进行修正；
3. 本表所列各值不适用于制造厂的成套配电装置；
4. 带电作业时，不同相或交叉的不同回路带电部分之间，其 B_1 值可在 A_2 值上加 750mm。

表 3-8 户内配电装置的最小安全净距

符号	适应范围	系统标称电压（kV）								
		3	6	10	15	20	35	66	110J	110
A_1	① 带电部分至接地部分之间； ② 网状和板状遮栏向上延伸线距地 2300m 处与遮栏上方带电部分之间	75	100	125	150	180	300	550	850	950
A_2	① 不同相的带电部分之间； ② 断路器和隔离开关的断口两侧引线带电部分之间	75	100	125	150	180	300	550	900	1000
B_1	① 橱状遮栏至带电部分之间； ② 交叉的不同时停电检修的无遮栏带电部分之间	825	850	875	900	930	1050	1300	1600	1700
B_2	网状遮栏至带电部分之间	175	200	225	250	280	400	650	950	1050
C	无遮栏裸导体至地（楼）面之间	2500	2500	2500	2500	2500	2600	2850	3150	3250
D	平行的不同时停电检修的无遮栏裸导体之间	1875	1900	1925	1950	1980	2100	2350	2650	2750
E	通向屋外的出现套管至屋外通道的路面	4000	4000	4000	4000	4000	4000	4500	5000	5000

注 1. 110J 指中性点有效接地系统；
2. 海拔超过 1000m 时，A 值应进行修正；
3. 当为板状遮栏时，其 B_2 值可在 A_2 值上加 30mm；
4. 本表所列各值不适用于制造厂的产品设计。

3.2.2.5 储油设施

对于主变压器及充油电气设备，当单个油箱的油量在 1000kg 及以上时，应同时设置储油和挡油设施。

户外变压器容量较大、储油量较多，为防止室外储有大量绝缘油的变压器等充油电气设备发生喷油、爆裂漏油故障时，因燃油流失导致火灾蔓延扩大事故，应设置蓄油坑和总事故储油池。对于单台油量 1000kg 以上的电气设备，应在设备下面设能容纳 20%油量的挡油设施，并应设置能将事故油排至安全处的设施；当不能满足上述要求且未设置水喷雾灭火系统时，应设置能容纳100%油量的储油池。当总事故储油池设有油水分离功能时，其容量宜按最大个油箱容量的60%确定。挡油槛长宽尺寸应比设备外形尺寸每边相应大1m，储油池内一般铺设厚度不小于20mm的卵石层。卵石直径为50～80mm。为防止下雨使泥水流入储油池，油池四墙宜高出地面50～100m，并用水泥抹面。储油池的深度h可按式（3-1）计算。

$$\begin{cases} h \geqslant \dfrac{0.2G}{0.25\times 0.9(S_1-S_2)}=\dfrac{0.89G}{S_1-S_2} \\ S_2=(a+2)(b+2) \end{cases} \tag{3-1}$$

式中 h——储油池深度，m；

G——设备充油量，kg；

S_1——储油池面积，m^2；

S_2——储油池中设备基础面积，m^2；

a——设备外廓长度，m；

b——设备外廓宽度，m。

对于单台油量100kg以上的户内电气设备，同样应设置储油或挡油设施。挡油设施的容积宜按油量的20%设计并应设置能将事故油排至安全处的设施。当不能满足上述要求时，应设置能容纳全部油量的储油设施。

对于户内单台断路器、电流互感器总油量在60kg以上及10kV以上的油浸式电压互感器也应设置储油或挡油设施。

3.2.3 安全疏散和建筑构造

油浸变压器等含油电气设备装有大量可燃油，一旦发生火灾，火势很大，所以当变压器与建筑物较近，生产建筑物与油浸变压器或可燃介质电容器的间距不满足表3-5的要求时，间距应符合下列规定：

（1）当建筑物与油浸变压器或可燃介质电容器等电气设备间距小于5m时，在设备外轮廓投影范围外侧各3m内的建筑物外墙上不应设置门、窗、洞口和通风孔，且该区域外墙应为防火墙，当设备高于建筑物时，防火墙应高于该设备的高度；当建筑物墙外5～10m范围内布置有变压器或可燃介质电容器等电气设备时，在上述外墙上可设置甲级防火门，设备高度以上可设防火窗，其耐火极限不应小于0.9h。

（2）当工艺需要油浸变压器等电气设备有电气套管穿越防火墙时，防火墙上的电缆孔洞应采用耐火极限为3h的电缆防火封堵材料或防火封堵组件进行封堵。

带油电气设备的建（构）筑物与贴邻或靠近该建（构）筑物的其他建（构）筑物之间应设置防火墙。

控制室是变电站的核心，人员比较集中，限制房间的可燃物减少火灾损失。控制室顶棚和墙面应采用A级装修材料，控制室其他部位应采用不低于B_1级的装修材料。

地上油浸变压器室的门应直通室外；地下油浸变压器室门应向公共走道方向开启，该门应采用甲级防火门；干式变压器室、电容器室门应向公共走道方向开启，该门应采用乙级防火门；蓄电池室、电缆夹层、继电器室、通信机房、配电装置室的门应向疏散方向开启，当门外为公共走道或其他房间时，该门应采用乙级防火门。配电装置室的中间隔墙上的门可采用分别向不同方向开启且宜相邻的2个乙级防火门。

建筑面积超过250m^2的控制室、通信机房、配电装置室、电容器室、阀厅、户内直流场、电缆夹层，其疏散门不宜少于2个。

地下变电站、地上变电站的地下室每个防火分区的建筑面积不应大于1000m^2。设置自动灭火系统的防火分区，其防火分区面积可增大1倍；当局部设置自动灭火系统时，增加面积可按该局部面积的1倍计算。

主控制楼当每层建筑面积小于或等于400m^2时，可设置1个安全出口；当每层建筑面积大于400m^2时，应设置2个安全出口，其中1个安全出口可通向室外楼梯。其他建筑的安全出口设置应符合GB 50016—2014《建筑设计防火规范》的有关规定。

地下变电站、地上变电站的地下室、半地下室安全出口数量不应少于2个。地下室与地上层不应共用楼梯间，必须共用楼梯间时，应在地上首层采用耐火极限不低于2h的不燃烧体隔墙和乙级防火门将地下或半地下部分与地上部分的连通部分完全隔开，并应有明显标志。

地下变电站当地下层数为3层及3层以上或地下室内地面与室外出入口地坪高差大于10m时，应设置防烟楼梯间，楼梯间应设乙级防火门，并向疏散方向开启。防烟楼梯间应符合GB 50016—2014《建筑设计防火规范》的有关规定。

3.2.4 设备间其他防火要求

各设备间除满足上述防护要求外，为进一步加强设备间的防护性能，还应注意以下问题：

（1）变压器其他带油电气设备。油浸式变压器室，不应设在人员聚集的室内、医院病房的上面和下面或贴近主要疏散出口的两旁。在无特殊防火要求的其他民用建筑的第一层内可设置油浸式变压器室，但不应设在经常有积水的场所和厕所、浴室的下面。油浸式变压器室应采用一级耐火等级建筑，对不易取得钢材和水泥的地区，可以采用独立的三级耐火等级建筑。室内应有良好的自然通风，且室内温度勿超过40℃，若室温过高，可使用机械通风，通风装置应设网格不大于10mm×10m的铁丝网和防雨、雪侵入的措施。

当35kV及以下屋内配电装置未采用金属封闭开关设备时，其油断路器、油浸电流互感器和电压互感器应设置在两侧有不燃烧实体墙的间隔内；35kV以上屋内配电装置应安装在有不燃烧实体墙的间隔内，不燃烧实体墙的高度不应低于配电装置中带油设备的高度。

总油量超过100kg的屋内油浸变压器应设置单独的变压器室。

屋内单台总油量为100kg以上的电气设备应设置挡油设施及将事故油排至安全处的设施。挡油设施的容积宜按油量的20%设计。

屋外单台油量为1000kg以上的电气设备，应设置储油或挡油设施，按100%的油量确定。

地下变电站的变压器应设置能储存最大一台变压器油量的事故储油池，要求为100%的最大一台变压器的容量。

（2）配电室。配电室多布置在靠近变压器的地方，以便母线引接。高低压配电室应采用一、二级耐火等级建筑，低压配电室的耐火等级不应低于三级，采用混凝土地面。长度大于 7m 的高压配电室和长度大于 10m 的低压配电室至少应有两个门，并应向外开启。相邻配电室之间一般不宜设门，如必须设门时，则应能向两个方向开启。配电室可开窗，但应设网格不大于 20mm×20mm 的铁丝网和遮雨棚，以防雨、雷、小动物、风沙及污秽尘埃进入，高低压配电装置如布置在同一室内时，装置间的距离应不小于 1m。

（3）电容器室。电容器室建筑防火要求如下：

1）户内设置的单台电力电容器油量超过 100kg 时，应有储油设施或挡油栏。户外布置的电力电容器与高压电气设备需保持 5.0m 及以上的距离，防止事故扩大。

2）集合式电容器室内布置时，基坑地面宜采用水泥砂浆抹面并压光，在其上面铺以 100mm 厚的细砂。如室外布置，则基坑宜采用水泥砂浆抹面，在挡油设施内铺以卵石（或碎石）。

3）高压油浸电力电容器室应采用二级丙类耐火等级的建筑，室内应有良好的自然通风。若自然通风不能保证室内温度低于 45℃时，应另设通风装置，并采取防雨、雪和小动物进入的措施。

4）高压电容器宜单独设置。1kV 以下的低压电容器可设置在高、低压配电室内。

5）电容器的分层不宜超过三层，下层底部距地面不应小于 100mm，电容器外壳相邻宽面之间至少保持 50mm 间距，通道宽度不应小于 1m。电容器带电桩头离地低于 2.2m 时应加适当的遮护设施。

6）电容器组应由单独的总开关控制，设有自动放电装置和接地装置。每个电容器还应由单独的熔断器加以保护。

7）电容器投入运行时，室内温度不应超过 45℃，电容器表面温度不应超过 55℃，并保证室内、设备表面及支架的清洁，应经常检查电容器运行情况，发现问题及时处理和维修，修复后应进行绝缘测定。

（4）油断路器小间。小间根据其结构方式和用途分为敞开式、封闭式以及防爆式。电器四周用金属网全部或部分围起来的为敞开式，四周全部用墙或实体遮板围起来的为封闭式，在封的基础上让门通向户外或防爆走廊的为防爆式。当断路器爆炸时，为使出口打开，迅速将小间的浓烟排出，以使配电装置及时恢复正常工作，防爆小间的出口应通住户外或防爆走廊。另外，为保证运行安全，在户内配电装置中通常将一个电路的电器与相邻电路的电器用砖、混凝土或石棉水泥板隔起来，使其形成各个小间，防止电气设备故障时扩大事故范围，使故障影响相邻电路；同时也避免检修电路电气时与邻近电路接触。

（5）主控室（有人值守变电站）。主控室应建在远离有害气体源、存放腐蚀、易燃易爆物的场所。主控室的隔墙、顶棚内装饰，应采用难燃或不燃材料。建筑内部装修材料应符合 GB 50222—2017《建筑内部装修设计防火规范》的要求，地下变电站宜采用防霉耐潮材料。控制室、调度室应有不少于两个的安全出口。

严禁将带有易燃、易爆、有毒、有害介质的一次仪表（如氢压表、油压表）装入控制室。室内使用的测试仪表、电烙铁、吸尘器等用毕后必须及时切断电源，并放到固定的金属架上。

主控室空调系统的防火应符合下列规定：

1）设备和管道的保冷、保温宜采用不燃材料，当确有困难时，可采用燃烧产物毒性较小且烟密度等级小于等于50的难燃材料。防火阀前后各2m、电加热器前后各0.8m范围内的管道及其绝热材料均应采用不燃材料。

2）通风管道装设防火阀应符合GB 50016—2014《建筑设计防火规范》的相关规定。防火阀既要有手动装量，又要在关键部位装易熔片或其他感温、感烟装置。当温度超过正常工作最高温度25℃时，防火阀门自动关闭。

3）非生产用空调机在运转时，值班人员不得离开，工作结束时该空调机必须停用。

4）空调系统应采用闭路联锁装置。

5）主控室配电线路应采用阻燃措施或防延燃措施，严禁任意拉接临时电线。一旦发生火灾报警，应迅速查明原因，及时消除警情，若已发生火灾，则应切断交流电源，开启直流事故照明，关闭通风管防火阀，采用气体等灭火器进行灭火。

通信机房的防火措施：

1）动力电缆、信号电缆严格分别敷设，孔洞要用阻燃材料封堵，电缆涂刷防火涂料，检查电缆是否老化或被小动物啃咬，对发热电缆要迅速查明原因，采取预防措施直至更换。近期不使用的孔洞均应用阻燃材料封堵。

2）未经批准，严禁在机房乱拉接电源和随意增设电器设备加大用电负荷，停机时要及时切断电源。

3）机房内严禁吸烟。机房施工时，要切实加强明火管理和随工管理。需要明火作业的，必须办理动火工作票，落实防火措施后方可施工，施工结束时彻底消除火种。

4）未经批准机房谢绝外人参观，设备厂家人员、施工人员在机房工作时必须要有安全监护人。

5）要强化预防外部强电、雷电侵入和内部产生的静电引发火灾，经常检查，加强监控，及时发现事故苗头，及时排除隐患。

6）机房应装置自动报警、温度自动报警和气体灭火系统，同时还要配置灭火器、防毒面具，防患于未然。

7）机房严禁使用易燃材料装修，不得使用电热器具，应保持机房清洁，工作完毕及时清理现场。

（6）蓄电池室。在很多变电站直流系统中使用的仍然是非密封式铅酸蓄电池。这种电池在运行或充电过程中当蓄电池内每小格的单组电压达到2.35V时，就开始开释氢气，电压越高，放出的氢气也越多。由于氢气的比重比空气的比重小得多，易积聚在建筑物的顶部，当空气中的氢气浓度达到4.18%～74.28%时，碰到火星就会爆炸。因此，对蓄电池室的危险性须予以足够重视，应采取以下安全防范措施：

1）建筑设计要求。蓄电池室应用耐火极限不低于2.5h的不燃烧体墙和耐火极限不低于1.5h的不燃烧体楼板与其他部位隔开。为防止室内形成通风不良的死角，顶棚宜做成平顶，不宜采用折板屋盖和槽形天花板。室内地面、门窗、墙壁、天花板和台架应具有耐酸性能。门窗应向外开。入口处宜经过套间，大蓄电池室应设有储藏酸及配制电解液的专门套间。

2）通风要求。为控制蓄电池室内含氢量和含酸量在规定的范围内，蓄电池室应有通风装置，加强室内通风换气，但室内空气不可再循环使用。通风方式可采用自然通风或轴流式通风设备。通风系统应是独立系统，通风管道应为不燃材料并良好接地。对小容量蓄电池室，通风换气次数应控制在不少于 10 次/h，对于大容量开口蓄电池室不少于 15 次/h。通风口距地 1.5m，以保证吸入新鲜空气。通风设备所需要的空气量可按式（3-2）计算：

$$V = 0.07In \tag{3-2}$$

式中 V——空气流量，m^2/h；

I——最大充电电流，A；

n——蓄电池组的电池只数。

3）温度要求。蓄电池室和调酸室的湿度不低于 10℃。当低于 10℃时，可采用蒸汽或热水装置采暖。室内管道应为无接缝或焊接的光圆管，不允许设置法兰盘或阀门，以防漏气、漏水。

4）电气防爆要求。严禁在蓄电池室内安装电器开关、插座、熔源开关箱应安装在室外，室内通风机和照明灯具应选用密封防爆式钢管布线，穿墙导线应在穿墙处安装瓷管，孔洞则必须用耐酸防火材料封堵。蓄电池应使用裸导线连接。

5）其他要求。蓄电池室内禁止各种火花出现。如母线各连接处要接触，以免打出火花。室内只能使用塑料扳手等专用工具，以防金属工具不慎碰撞电池桩头产生电火花；严禁吸烟；室内必须保持清洁，不准存放任何可燃物。调酸室应另行设置，硫酸的储量只限于当天工作所需的数量。

3.2.5 电缆及电缆敷设

长度超过 100m 的电缆沟或电缆隧道，应采取防止电缆火灾蔓延的阻燃或分隔措施，并应根据变电站的规模及重要性采取下列一种或数种措施：

（1）采用耐火极限不低于 2h 的防火墙或隔板，并用电缆防火封堵材料封堵电缆通过的孔洞。

（2）电缆局部涂防火涂料或局部采用防火带、防火槽盒。电缆从室外进入室内的入口处、电缆竖井的出入口处，建（构）筑物中电缆引至电气柜、盘或控制屏、台的开孔部位，电缆贯穿隔墙、楼板的空洞应采用电缆防火封堵材料进行封堵，其防火封堵组件的耐火极限不应低于被贯穿物的耐火极限，且不低于 1h。

在电缆竖井中，宜每间隔不大于 7m 采用耐火极限不低于 3h 的不燃烧体或防火封堵材料封堵。

防火墙上的电缆孔洞应采用电缆防火封堵材料或防火封堵组件进行封堵，并应采取防止火焰延燃的措施，其防火封堵组件的耐火极限应为 3h。

在电缆隧道和电缆沟道中，严禁有可燃气、油管路穿越。

220kV 及以上变电站，当电力电缆与控制电缆或通信电缆敷设在同一电缆沟或电缆隧道内时，宜采用防火隔板进行分隔。

地下变电站电缆夹层宜采用低烟无卤阻燃电缆。地下变电站电缆夹层内敷设的电缆数量多，发生火灾时人员进入、开展灭火比较困难，火灾蔓延造成的损失扩大，低烟无卤阻燃电缆能够减少火灾扩大可能性，降低电缆夹层的火灾危险性，减少电缆火灾时的有毒有害的烟雾。

3.2.6 消防给水、灭火设施及火灾自动报警

变电站的规划和设计时应同时设计消防给水系统。消防水源应有可靠的保证。变电站内建筑物满足耐火等级不低于二级，体积不超过 $3000m^3$，且火灾危险性为戊类时，可不设消防给水。

变电站建筑室外消防用水量不应小于表 3-9 的规定。变压器采用户外布置时，不属于一般建筑物，不能按建筑物体积确定室外消防水量。不设固定灭火系统的中、小型变压器可采用灭火器灭火。按规定设置水喷雾灭火系统的变压器，为了防止火灾扩大可用不小于 15L/s 的消火栓作为辅助灭火和保护的措施。设置室外消防水系统，小于 $3000m^3$的戊类建筑要设置室外消火栓保护。

表 3-9　　室外消防栓用水量　　单位：L/s

建筑物耐火等级	建筑物类别	建筑物体积				
		$\leqslant 1500$	$1500<V\leqslant 3000$	$3000<V\leqslant 5000$	$5000<V\leqslant 20\,000$	$20\,000<V\leqslant 50\,000$
一、二级	丙类厂房	15		20	25	30
	丁、戊类厂房	15				
	丁、戊类仓库	15				

单台容量为 125MVA 及以上的油浸变压器、200Mvar 及以上的油浸电抗器应设置水喷雾灭火系统或其他固定式灭火装置。其他带油电气设备宜配置干粉灭火器。地下变电站的油浸变压器、油浸电抗器宜采用固定式灭火系统。在室外专用储存场地储存作为备用的油浸变压器、油浸电抗器可不设置火灾自动报警系统和固定式灭火系统。

变压器是变电站内最重要的设备，油浸变压器的油具有良好的绝缘性和导热性，变压器油的闪点一般为 130℃，是可燃液体。当变压器内部故障发生电弧闪络时，油受热分解产生蒸气易形成火灾。中小型变电站的变压器宜采用费用较低的化学灭火器。容量 125MVA 以上的大型变压器应设置火灾探测报警系统和固定灭火系统。火灾危险性较大的地下变电站应设置火灾探测报警系统和固定灭火系统。排油注氮灭火装置可作为变压器的消防灭火措施。地下和户内变压器等封闭空间的消防灭火也可采用气体灭火系统。

随着变电站电压等级提高，如 1000kV 特高压变电站、800kV 直流换流站，高压油浸电抗器的容量增大，含油量增多，1000kV 交流变电站的油浸电抗器的容量有 200Mvar、240Mvar、320Mvar 等，规定 200Mvar 及以上的油浸电抗器设置固定式灭火系统，地下变电站的油浸电抗器宜设置固定式灭火系统。

当备用油浸变压器或油浸电抗器储存在室外专用的场地时，不接导线，不带电。变压器在该处仅是储存，不能够运行，由于变压器或电抗器本身不会产生热，不管是带油储存还是不带油储存，其火灾危险性远远小于运行中的变压器或电抗器，其堆放的性质类似室外堆场或露天油罐，按油罐的容量标准，其油量较小，可以不设置火灾探测和固定灭火

系统。

当油浸变压器采用有防火墙隔离的分体式散热器时，布置在户外或半户外的分体式散热器可不设置火灾自动报警系统和固定式灭火系统。

变电站户外配电装置区域（采用水喷雾的油浸变压器、油浸电抗器消火栓除外）可不设消火栓。

下列建筑应设置室内消火栓并配置喷雾水枪：① 500kV 及以上的直流换流站的主控制楼；② 220kV 及以上的高压配电装置楼（有充油设备）；③ 220kV 及以上户内直流开关场（有充油设备）；④ 地下变电站。

变电站建筑室内消防用水量不应小于表 3-10 的规定。

表 3-10　　室内消防栓用水量

建筑物名称	建筑物高度 H（m） 体积 V（m^3） 火灾危险性			消火栓用水量（L/s）	同时使用消防水枪数（支）	每根竖管最小流量（L/s）
控制楼、配电装置楼及其他生产类建筑	$H \leq 24$	丁、戊		10	2	10
		丙	$V \leq 5000$	10	2	10
			$V > 5000$	20	4	15
	$24 < H \leq 50$	丁、戊		25	5	15
		丙		30	6	15
检修备品仓库	$H \leq 24$ 丁、戊			10	2	10

变电站内下列建筑物可不设室内消火栓：交流变电站的主控制楼；继电器室；高压配电装置楼（无充油设备）；阀厅；户内直流开关场（无充油设备）；空冷器室；生活、工业消防水泵房；生活污水、雨水泵房；水处理室；占地面积不大于 300m^2 的建筑。

当地下变电站室内设置水消防系统时应设置水泵接合器，可缩短敷设消防水带的时间。水泵接合器应设置在便于消防车使用的地点，与供消防车取水的室外消火栓或消防水池取水口距离宜为 15～40m。水泵接合器应有永久性的明显标志。

变电站消防给水量应按火灾时一次最大室内和室外消防用水量之和计算。变电站的消防用水一般由消防水池、消防水泵供水。消防供水系统设置稳压装置，由稳压装置自动启动消防水泵。具有稳压装置的临时高压给水系统应符合下列规定：

（1）消防泵应满足消防给水系统最大压力和流量要求。

（2）稳压泵的设计流量宜为消防给水系统设计流量的 1%～3%，启泵压力与消防泵自动启泵的压力差宜为 0.02MPa，稳压泵的启泵压力与停泵压力之差不应小于 0.05MPa，系统压力控制装置所在处准工作状态时的压力与消防泵自动启泵的压力差宜为 0.07MPa～0.10MPa。

（3）气压罐的调节容积应按稳压泵启泵次数不大于 15 次/h 计算确定，气压罐的最低工作压力应满足任意最不利点的消防设施的压力需求。

500kV 及以上的直流换流站宜设置备用柴油机消防泵，容量应满足直流换流站的全部消防用水要求。在交流电源失去后能保证消防水系统运行，提高防火安全性。

消防水泵房是消防给水系统的核心，在火灾情况下应能保证正常工作。为了在火灾情况下操作人员能坚持工作并利于安全疏散，消防水泵房应设直通室外的安全出口，当消防水泵房设置在地下时，其疏散出口应靠近安全出口。

一组消防水泵的吸水管不应少于 2 条；当其中一条损坏时，其余的吸水管应能满足全部用水量。吸水管上应装设检修用阀门。

消防水泵应能及时启动，确保火场消防用水。因此消防水泵应经常充满水，以保证消防水泵及时启动供水。消防水泵应设计成自灌式吸水方式。

消防水泵房应有不少于 2 条出水管与环状管网连接，当其中一条出水管检修时，其余的出水管应能满足全部用水量。消防泵组应设试验回水管，并配装检查用的放水阀门、水锤消除、安全泄压及压力、流量测量装置。

为了保证不间断向火场供水，消防水泵应设置备用泵，当备用泵为电力电源且工作泵为多台时，其流量和扬程不应小于最大一台消防泵的流量和扬程。

消防管道、消防水池的设计应符合 GB 50974—2014《消防给水及消火栓系统技术规范》的有关规定。水喷雾灭火系统的设计应符合 GB 50219—2014《水喷雾灭火系统设计规范》的有关规定。

丙类厂房、仓库，消火栓灭火系统的火灾延续时间不应小于 3h，丁、戊类厂房、仓库，消火栓灭火系统的火灾延续时间不应小于 2h。自动喷水灭火系统、水喷雾灭火系统和泡沫灭火系统火灾延续时间应符合 GB 50084—2014《自动喷水灭火系统设计规范》、GB 50219—2014《水喷雾灭火系统设计规范》和 GB 50151—2010《泡沫灭火系统设计规范》的有关规定。

表 3-11　建筑物火灾危险类别及危险等级

建筑物和设备	危险类别	危险等级
主控制室	E	严重
通信机房	E	中
阀厅	E	中
户内直流开关场（有含油电气设备）	E	中
户内直流开关场（无含油电气设备）	E	轻
配电装置楼（有含油电气设备）	E	中
配电装置楼（无含油电气设备）	E	轻
继电器室	E	中
油浸变压器室	B、E	中
气体或干式变压器室	E	轻
油浸电抗器室	B、E	中
干式电抗器室	E	轻
电容器室（有可燃介质）	B、E	中
干式电容器室	E	轻
蓄电池室	C	中

续表

建筑物和设备	危险类别	危险等级
电缆夹层	E	中
柴油发电机室及油箱	B	中
检修备品仓库（有含油设备）	B、E	中
检修备品仓库（无含油设备）	A	轻
水处理室	A	轻
空冷器室	A	轻
生活、工业消防水泵房（有柴油发动机）	B	中
生活、工业消防水泵房（无柴油发动机）	A	轻
污水、雨水泵房	A	轻

变电站应按表3-11设置灭火器。灭火器的设计应符合GB 50140《建筑灭火器配置设计规范》的有关规定。

设有消防给水的地下变电站，必须设置消防排水设施。消防排水可与生产、生活排水统一设计，排水量按消防流量设计。对油浸变压器、油浸电抗器等设施的消防排水，当未设置能够容纳全部事故排油和消防排水量的事故储油池时，应采取必要的油水分离措施。

下列场所和设备应设置火灾自动报警系统：① 控制室、配电装置室、可燃介质电容器室、继电器室、通信机房；② 地下变电站、无人值班变电站的控制室、配电装置室、可燃介质电容器室、继电器室、通信机房；③ 采用固定灭火系统的油浸变压器、油浸电抗器；④ 地下变电站的油浸变压器、油浸电抗器；⑤ 敷设具有可延燃绝缘层和外护层电缆的电缆夹层及电缆竖井；⑥ 地下变电站、户内无人值班的变电站的电缆夹层及电缆竖井。

变电站主要建（构）筑物和设备宜按表3-12设置火灾自动报警系统。

表3-12　　主要建（构）筑物和设备的火灾探测器类型

建筑物和设备	火灾探测器类型
控制室	点型感烟/吸气
通信机房	点型感烟/吸气
阀厅	点型感烟/吸气
户内直流场	点型感烟
电缆层和电缆竖井	缆式线性感温
继电器室	点型感烟/吸气
电抗器室	点型感烟
电容器室	点型感烟
配电装置室	点型感烟
室外变压器	缆式线性感温
室内变压器	缆式线性感温/吸气

注　电抗器室如选用含油设备时，宜采用缆式线型感温探测器。

火灾自动报警系统的设计应符合 GB 50116《火灾自动报警系统设计规范》的有关规定。有人值班的变电站的火灾报警控制器应设置在主控制室；无人值班的变电站的火灾报警控制器宜设置在变电站门厅，并应将火警信号传至集控中心。

3.2.7 供暖、通风和空气调节

地下变电站采暖、通风和空气调节应符合下列规定：

（1）地下变电站很多是无人值守的变电站，存在疏散困难等问题，因此所有供暖区域严禁采用明火取暖。

（2）地下变电站发生火灾事故，灭火后需尽快进行排烟，电气配电装置室应设置火灾后排风设施，其他房间可根据其使用功能及房间布置格局设计自然或机械排烟设施。

（3）送、排风系统、空调系统的设计应配合消防系统，设计与消防报警系统联锁的功能，当火灾发生时，送排风系统、空调系统应能自动停止运行。当消防系统采用气体灭火系统时，通风或空调风道上应设置与消防系统相配套的防火阀和隔离阀，发生火灾时能立即自动关闭，以保证灭火系统运行。

阀厅是全封闭结构，发生火灾事故灭火后需尽快进行排烟，因此应设置火灾后排风设施。

3.2.8 消防供电、应急照明

变电站的消防供电应符合下列规定：

（1）消防水泵、自动灭火系统、与消防有关的电动阀门及交流控制负荷，户内变电站、地下变电站应按Ⅰ类负荷供电；户外变电站应按Ⅱ类负荷供电。

（2）变电站内的火灾自动报警系统和消防联动控制器，当本身带有不停电电源装置时，应由站用电源供电；当本身不带有不停电电源装置时，应由站内不停电电源装置供电；当电源采用站内不停电电源装置供电时，火灾报警控制器和消防联动控制器应采用单独的供电回路，并应保证在系统处于最大负载状态下不影响报警控制器和消防联动控制器的正常工作，不停电电源的输出功率应大于火灾自动报警系统和消防联动控制器全负荷功率的120%，不停电电源的容量应保证火灾自动报警系统和消防联动控制器在火灾状态同时工作负荷条件下连续工作 3h 以上。

（3）消防用电设备采用双电源或双回路供电时，应在最末一级配电箱处自动切换。

（4）消防应急照明、疏散指示标志应采用蓄电池直流系统供电，疏散通道应急照明、疏散指示标志的连续供电时间不应少于 30min，继续工作应急照明连续供电时间不应少于 3h。

（5）消防用电设备应采用专用的供电回路，当发生火灾切断生产、生活用电时，仍应保证消防用电，其配电设备应设置明显标志；其配电线路和控制回路宜按防火分区划分。

（6）消防用电设备的配电线路应满足火灾时连续供电的需要，当暗敷时应穿管并敷设在不燃烧体结构内，其保护层厚度不应小于 30mm；当明敷时（包括附设在吊顶内）应穿金属管或封闭式金属线槽，并采取防火保护措施。当采用阻燃或耐火电缆时，敷设在电缆井、电缆沟内可不穿金属导管或采用封闭式金属槽盒保护；当采用矿物绝缘类等具有耐火、抗过载和抗机械破坏性能的不燃性电缆时，可直接明敷。宜与其他配电线路分开敷设，当敷

设在同一井沟内时，宜分别布置在井沟的两侧。

火灾应急照明和疏散标志应符合下列规定：

（1）户内变电站、户外变电站的控制室、通信机房、配电装置室、消防水泵房和建筑疏散通道应设置应急照明。

（2）地下变电站的控制室、通信机房、配电装置室、变压器室、继电器室、消防水泵房、建筑疏散通道和楼梯间应设置应急照明。

（3）地下变电站的疏散通道和安全出口应设灯光疏散指示标志。

（4）人员疏散通道应急照明的地面最低水平照度不应低于 1.0lx，楼梯间的地面最低水平照度不应低于 5.0lx，继续工作应急照明应保证正常照明的照度。

（5）疏散通道上灯光疏散指示标志间距不应大于 20m，高度宜安装在距地坪 1.0m 以下处；疏散照明灯具应设置在出入口的顶部或侧边墙面的上部。

3.3 变电站消防技术

确保电网安全稳定运行，需要做好变电站的防火和灭火工作。本节针对变电站内中存在的大量易燃易爆设备，归纳整理了电力设备防火的主要措施，系统介绍了火灾自动报警系统，并从变电站消防灭火能力的角度出发，详细介绍了最新灭火系统。在电力设备和电力设施的燃烧物发生火灾时，快速有效的灭火方式会使各种损失最小。

3.3.1 电力设备防火措施

3.3.1.1 油浸变压器（电压互感器、电流互感器、油浸式消弧线圈）

（1）基本措施。为降低变压器火灾风险，针对变压器本体，一般可采取干式绝缘、气体绝缘、阻燃性液体绝缘、加强油箱强度等方式；针对套管，可选择低爆炸风险类型的套管；针对有载分接开关，可采用干式有载分接开关。

（2）降低本体故障引发火灾风险的措施。

1）干式绝缘。干式绝缘，是把铁芯和绕组用环氧树脂浇注包封起来，具有环保、阻燃、在高温燃烧时不会产生大量烟雾等优点，但制造工艺复杂、防潮防尘性差。

2）气体绝缘。使用惰性气体六氟化硫（SF_6）作为冷却和绝缘介质，具有优异的阻燃和防爆性，零火灾风险。但是，SF_6 是一种温室气体，泄漏到大气不利于环保。

3）阻燃性液体绝缘。阻燃性绝缘液体定义为燃点高于 300℃的绝缘液体（传统矿物油的燃点通常在 120～160℃），主要为合成酯、天然酯，黏度一般比变压器矿物油高，但具有较高的热导率，冷却性能接近于矿物油。使用这类绝缘介质不能完全消除火灾风险，但可以显著降低本体火灾危险。除了防火性能外，阻燃性绝缘介质还具备无毒和生物可降解的优势。但是天然酯非常容易吸湿和氧化，合成酯成本高。

4）加强油箱强度或减小油箱压力。加强油箱强度或减小油箱压力可降低故障下油箱破裂风险，避免油气与氧气接触，降低着火风险。油箱的薄弱点在油箱的连接法兰和角缝处，这些部件的加固可以提高油箱的抗破裂强度，另外，可以通过增加储油柜体积、采用大半径连接管、增大油箱体积等方式减少内部电弧故障时油箱承受的压力。

（3）选择低爆炸风险类型的套管。油浸式套管故障导致的变压器火灾在变压器各组件中所占比例最大。选择干式套管发生火灾的风险最小，干式套管主要包括环氧树脂套管和玻璃钢套管两种。干式套管采用复合材料，存在老化、放电缺陷累积效应明显等问题，制造成本较高。

1）环氧树脂套管。环氧树脂套管主绝缘采用环氧树脂浸渍纸绝缘，外绝缘采用硅橡胶伞裙，无油、无泄漏及爆炸风险。机械强度高，介质损耗小，维护工作量小。环氧树脂套管在换流变压器（阀侧套管）应用广泛。

2）玻璃钢套管。玻璃钢套管主绝缘用树脂浸渍纤维卷制而成，外绝缘采用硅橡胶伞裙。玻璃钢套管无油、无泄漏及爆炸风险，生产厂家不多，应用也较少，应用最高电压等级220kV。从运行情况看，套管安全性和稳定性有待进一步验证，制造工艺有待进一步加强，环氧树脂胶液配置、玻璃钢纤维缠绕方法及缠绕过程中的张紧力和固化过程中的温度需严格控制。

（4）选择干式有载分接开关。干式有载分接开关按绝缘介质和灭弧介质分为干式真空、干式 SF_6 气体和空气式有载分接开关，主要用于 110kV 及以下电压等级。干式真空和空气式有载分接开关，一般应用于容量较小的干式变压器。SF_6 气体式分接开关中，SF_6 气体为绝缘介质，真空管作为切换元件，一般用于 SF_6 气体绝缘变压器。

3.3.1.2 断路器

断路器种类很多，根据介质不同，主要有油断路器（多油、少油）、SF_6 断路器和真空断路器，其中火灾危险性最大的是油断路器。为防止油断路器发生火灾事故，应采取以下措施：

（1）严格安装前的检查。安装前应按照制造技术条件的要求严格检查。同时，注意断路器的断流容量必须大于电力系统在其装设处的短路容量。保持油箱内油面适当，防止油箱和充油套管渗油、漏油。

（2）定期试验。经常进行断路器操作试验，确保机件灵活好用。定期进行绝缘性能试验，对断路器的绝缘油、气体介质定期取样化验、进行绝缘试验，及时发现并消除缺陷。定期对断路器本体作耐压、泄漏试验及操作试验，特别是雷雨季节前的预防性试验。

（3）定期检修。根据断路器运行缺陷记录和正常操作次数、切断故障电流次数，定期或临时安排检修，以保证断路器正常运行。检修时应严格检修工艺，保证检修质量，对发现的缺陷一一处理。如检查触头烧伤、灭弧室烧伤情况，油箱和套管的渗、漏油的处理，绝缘套管裂纹的处理，套管的清洁等。

（4）加强运行维护与管理。断路器运行时做好巡视工作。严格监视油断路器的油色、油位、油温以及液压操作机构的液压和气体灭弧介质的气压、闭锁行程开关的状况。如发现油温过高时应采取措施，取出油样进行化验；如油色变黑，闪点降低，有可燃气体逸出，应换新油。这些现象同时也说明触头有问题，应及时检修；如发现气压或行程开关状况异常，应及时处理。

（5）切断严重故障电流后，应检查触头是否有烧损现象。

（6）尽量用少油断路器、SF_6断路器和真空断路器。

（7）油断路器通常安装在单独小间内。油量在60kg以下可安装在敞开式小间内，油量达到60～600kg应安装在有隔离墙的封闭小间内，油量达到600kg以上应安装在单独防爆小间内。一般电压等级为35kV以上的油断路器都是安装在具有防爆隔墙的间隔内，因为只有240mm的水泥砂浆承重砖墙才能承受爆炸冲击。35kV以下的油断路器、油浸式电流及电压互感器一般安装在开关柜或两侧有隔墙（板）的间隔内，因为该电压等级下的2～3m厚的钢板、120mm厚的砖墙或混凝土板均能承受该级电气设备爆炸时的冲击波及碎片。

3.3.1.3 电容器

电容器在运行中，应做如下检查：

（1）检查电容器的电容量是否超过额定值，是否稳定，有无急增现象。

（2）发现电容器箱膨胀和漏油现象以及发出声响或外部发生火花时，就立即切断电源，停止运行进行检修。

（3）检查电容器有无异常声响发生，放电指示灯有无烧毁情况。

（4）电容器不允许超过其额定电压1.1倍的情况下长期运行，电流表不对称度不允许超过额定电流的5%。

（5）发现电容器熔断后，要查明原因才能更换熔丝，保护装置动作后，不得强行送电，要查明原因后再投入运行。

（6）检查端子及接头等处是否过热，套管是否清洁完整。

（7）电容器室的温度不得超过35℃，电容器的外壳要可靠接地。

电容器维护检修中的注意事项：

（1）做好防护措施，电容器组应由单独的总开关控制，设有自动放电装置和接地装置，每个电容器还应由单独的熔断器加以保护。

（2）正确投用保护。定期校验保护的可靠性，对电容器电容量和熔断器的检查，每个月不少于1次，在1年内要测量电容器的损耗角正切值2～3次，目的是检查电容器的可靠性。

（3）加强维护保养，保持电容器套管表面、电容器外壳、置放电容器的铁架子、接触器及电抗器的清洁。夏季要对电容器采取冷却降温措施。

3.3.1.4 电抗器

电抗器应采取如下防火措施：

（1）加强质量控制。改善电抗器散热性能，选择有足够耐热等级的绝缘材料；严格执行标准化、规范化的制造工艺，提高线圈的绕制精度并避免导线绝缘层在操作过程中破损；合理设计电抗器温升裕度。

（2）定期对电抗器进行红外测温，必要时进行阻抗测量。定期用红外成像仪检查电抗器绕组引出线、电抗器绕组局部是否存在过热现象。通过直流电阻试验检测电抗器是否存在断股情况，及时发现匝间短路故障。有条件的变电站可以装设在线测温装置。

（3）加强设备运行维护。巡视时要检查电抗器外绝缘破裂情况、绝缘子有无明显的放电现象、有无异响等；要做好污渍清扫等工作，阻止沿面放电形成的通道，也可增设若干高阻带，减少泄漏电流，并将电流阻截成若干段；应及时处理皲裂、粉化等带来的影响，避免形成不可逆的劣化，可采用砂纸打磨清除表面劣化的材料等；可采取刷涂憎水性涂料措施，提高电抗器表面受潮条件下的电阻率。

（4）加强对电抗器的运行监视，在电抗器投入运行后，密切监视系统电压，确保不超过设备允许的最高运行电压。

（5）对运行时间较长的电抗器，开展外绝缘喷涂工作，提高设备层间和匝间的绝缘水平。

（6）优化电网运行，在允许的条件下尽量不改变无功补偿的运行方式，避免电抗器的频繁投切。

3.3.1.5 避雷器

在日常运行中，应检查避雷器的瓷套表面的污染状况，因为当瓷套表面受到严重污染时，将使电压分布很不均匀。在有并联分路电阻的避雷器中，当其中一个元件的电压分布增大时，通过其并联电阻中的电流将显著增大，可能烧坏并联电阻而引起故障。此外，也可能影响阀型避雷器的灭弧性能。因此，当避雷器瓷套表面严重污秽时，必须及时清扫。

检查避雷器的引线及接地引下线是否有烧伤痕迹和断股现象，以及放电记录器是否烧过，容易发现避雷器的隐形缺陷；检查避雷器上端引线处密封是否良好，密封不良会进水受潮，易引起事故，应检查瓷套与法兰连接处的水泥接合缝是否严密，在 10kV 阀型避雷器上引线处可加装防水罩，以免雨水渗入；检查避雷器与被保护电气设备之间的电气距离是否符合要求，避雷器应尽量靠近被保护的电气设备，在雷雨后应检查避雷器记录器的动作情况；检查泄漏电流，工频放电电压大于或小于标准值时应进行检修和试验；放电记录器动作次数过多时应进行检修；瓷套及水泥接合处有裂纹、法兰盘和橡皮垫有脱落时应进行检修。

避雷器的绝缘电阻应定期进行检查。测量时应用 2500V 绝缘兆欧表，测得的数值与前一次的结果比较，无明显变化可继续投入运行。绝缘电阻显著下降一般是密封不良而受潮或火花间隙短路引起，当低于合格值时，应作特性试验；绝缘电阻显著升高一般是内部并联电阻接触不良或断裂以及弹簧松弛和内部元件分离等造成的。

为了能及时发现阀型避雷器内部隐形缺陷，应在每年雨季前进行一次预防性试验。

3.3.1.6 SF_6类设备

SF_6类设备应该采取如下防火措施：

（1）装有 SF_6 设备的配电装置室和 SF_6 气体试验室应装设强力通风装置，电源控制开关设置在门外，风口应设置在室内底部，排风口不应朝向居民住宅或行人。

（2）户内运行的 SF_6 气体绝缘的设备应设置一定数量的氧量仪和 SF_6 浓度报警仪，SF_6 浓度报警仪应布置在室外，并与室内通风装置和门禁实现联动。当运维检修人员进入时，应能自动启动通风装置，待室内含氧量和 SF_6 气体浓度符合标准后，开放门禁系统。

（3）在运行巡视时，应注意 SF_6 气体绝缘设备的绝缘瓷件及法兰有无裂纹，夜间巡视时应注意瓷件有无异常电晕或爬电现象。

（4）定期对 SF_6 气体进行微水检测，一旦微水异常升高，应立安排停电检查。

（5）定期测量 SF_6 气体绝缘设备的介质损耗，与出厂数据进行比较，应无明显变化。

（6）变电站的二次电缆应采用阻燃电缆，若是非阻燃型电缆，应在其表层涂阻燃涂料。

（7）定期对变电站接地网进行导通测试和开挖检查，若接地网腐蚀严重，应及时进行改造。

（8）对于长期重载或过载运行的 SF_6 气体绝缘设备，应缩短运维和专业巡视周期，并安排红外测温和紫外检测。发现异常应查明原因并及时处理。

（9）SF_6 设备应加装密度继电器并可实现远程监视。

（10）SF_6 气体绝缘的电压互感器、避雷器、快速接地开关应采用专用接地线直接连接到地网，不应通过外壳和支架接地。

3.3.1.7 蓄电池组

蓄电池组应该采取如下防火措施：

（1）设备选型及配置。

1）蓄电池容量配置要合适。既要考虑变电站的经常性直流负荷，又要考虑交流失电后变电站事故照明的负荷，较适宜电池配置容量是 8～10h 的放电率。绝不能将不同厂家和不同的电池安装在一起使用。

2）变电设备配置的两组工作电源要分别来自两台站用变压器，且变电站一般要配置一台发电机，防止失电时间过长造成蓄电池过放电。

3）选择高质量的具有实时监控和智能化管理功能的主充电设备模块。运行维护人员能通过监控器的实时数据随时了解直流系统工作状况，同时要有足够的备用模块，当主充电设备出现故障时，备用模块应能够自动投入使用，以保证蓄电池不因模块故障而造成过放电。

（2）设备投运。

1）运行参数设置。对于蓄电池而言，浮充电压、均充电压、交流过压值、交流欠压值以及充电限流值等参数属于关键参数，在设置时要根据说明书规定，也必须结合变电所实际。

2）补充电操作。当蓄电池搁置超过三个月，在投运前要做补充电操作，一般按单体电池 2.23～2.27V/只充电。

（3）设备运行。

1）环境温度控制。蓄电池运行对环境温度较为敏感。运行中应保持周围环境温度在 22～25℃之间。

2）浮充电流检查。浮充电流是否正常可间接反映蓄电池状况。因此应定期检查蓄电池浮充电流是否在合格范围内并做记录，当发现存在突变状况时应查明原因并及时处理。

3）单体电压检查。每月应对电池单体电压情况进行检查，如发现单节的浮充电压低于

2.18V，应进行人工转换均衡充电操作，方法为：25℃时2.30V/单体，需24h；25℃时2.35V/单体，需12h。进行以上处理后仍不正常，则应由厂家处理。

4）大充大放。为保证电池容量持续稳定，每年要做一次容量恢复试验，目的是让电池内的活化物质得到活化。另外，当蓄电池经历较深度放电后，应采用均衡方式对电池进行补充充电。

5）接线和外观检查。结合变电站日常巡视，用红外测温装置对蓄电池接线螺栓有无发热进行检查；每月，目测蓄电池外观有无变形；每半年，检查连接导线、螺栓是否有松动或腐蚀存在，若有则应及时处理。

6）数据比对。在蓄电池运行中，应注意将某一阶段的测试数据与原始数据进行比较，建立大数据分析体系。

7）由于蓄电池安装位置与变电站重要设备的距离很近，因此要做好蓄电池的防火、防爆预控和应急预案工作。

3.3.1.8 电力电缆

电力电缆在电力系统中对能量和信号传输起至关重要的作用，是变电站维持正常运行的重要组成部分，电缆在电力系统中数量多、覆盖面广，因此在建设中，不可避免地会出现站用电系统的动力电缆、通信电缆和继电保护、自动化系统使用的光缆同沟敷设。动力电缆在运行状态下处于发热状态，在电力系统中电缆工作环境和条件较差，一旦其中一根发生火灾，就会迅速蔓延造成严重的后果。因此电缆防火在电力防火中的位置举足轻重。

电缆的防火要求如下：

（1）选择要求。电缆的选择应按照相关国家标准，除满足安装环境强度的要求外，还应满足防火要求。各种场合的电缆选型前提必须是阻燃，这是电缆防火的重要措施，特别是地下变电站缆夹层宜采用C类或C类以上的阻燃电缆。一般阻燃型电缆低烟、低毒性，较适合用于有人巡视的场合；耐火型电缆可在规定温度和时间内保持回路的通电状态，较适合用于重要回路。目前变电站、新建工程基本上采用阻燃型电缆，同时在重要回路中选用耐火型电缆。另外选型时应根据计算的载流量和经济可行的原则，尽量选择较大的电缆截面积，防止因电缆过载发生火灾。

（2）防止电缆被其他设备引燃的措施。在电缆隧道和电缆沟中，严禁有可燃气、油管路穿越。在密集敷设电缆的电缆夹层中，不得布置热力管道、油气管以及其他可能引起着火的管道和设备。对于位于备充油电气设备附近的电缆沟盖板要密封，防止设备故障失火时油流到电缆沟里引燃电缆沟、电缆隧道、电缆夹层内存留的易燃物。电缆夹层的门一定要加锁，不能让人随意出入，防止人为因素引起电缆着火。

（3）防止电缆延燃措施。防止电缆火灾延燃的措施有封、堵包等，具体如下：

1）防火位置。在隧道或重要回路的电缆沟的重要部位设置防火墙。按照GB 50229—2019火力发电厂与变电所设计防火规范的要求，电缆从室外进入室内的入口处、电缆竖井的出入口处、电缆接头处、主控制室与电缆夹层之间以及长度超过100m的电缆沟或电缆隧道，均应采取防止电缆火灾蔓延的阻燃或分隔措施。电缆沟或电缆隧道长度小于100m，可按分支沟道或主沟道的火灾不相互影响运行原则，在公用主沟道的分支处和公用主沟道中间设置防火墙。其次要在适当的位置设置阻火分隔，即在电缆引至电气柜、电气盘、电气台和电气屏的开孔处以及电缆贯穿隔离楼板的孔洞处实施阻火封堵，其防火封堵组件的耐火极限不应低于被贯穿物的耐火极限，且不应低于1h。

2）防火设置。电缆沟、电缆隧道内每100m要设一道防火墙和防火门，且防火墙上的电缆孔洞应采用电缆防火封堵材料进行封堵，其防火封堵组件的耐火极限为3h；电缆竖井中每隔约7m宜设置防火封堵；电缆廊道内宜每隔60m划分防火隔段；220kV及以上变电站，当动力电缆和控制电缆或通信电缆敷设在同一电缆沟或电缆隧道内时，宜采用火槽盒或防火隔板进行分隔。

3）防火要求。首先要保证防火封堵的严密性和厚度适中性，特别是电缆集中的地方，最好用软堵料以保证封堵严实；封堵厚度应当与封堵面电缆根数成比例，电缆数量越多封堵越厚，如电缆隧道防火墙厚度不应小于240mm，电缆沟防火墙的厚度不宜小于150mm，防火隔板或阻火包封堵厚度不应小于100mm，防火墙要比电缆支架宽100mm以上，防火墙两侧还要有不小于100mm的阻火段，以有效地防止电缆火灾的串延。另外封堵层要有足够的机械强度，以防止电缆火灾引起空气膨胀而产生的冲击力破坏封堵层。

（4）架空电缆。在穿越汽机房、锅炉房和集中控制楼之间的隔板墙处以及架空敷设的每100m处应设置阻火措施。

（5）电缆桥架。在电缆桥架的分支处应设置阻火措施，在电缆中间接两侧各2m长的区段以及沿该电缆并行敷设的其他电缆同一长度范围内应采取防火措施。

（6）电缆关键部位。电缆中间接头因制作不良、接触不良等原因故障率高，为减少电缆关键部位的火灾事故，在电缆中间接头处也可用耐火防爆盒将其封闭，加装电缆中间接头温度在线监测系统，防火措施可采用防火涂料或防火包带等。

（7）电缆敷设。电缆敷设应满足GB 50217—2018《电力工程电缆设计标准》外，还应满足如下防火要求：

1）动力电缆与控制电缆应分层敷设，不应配置在同一支架上，并应进行耐火分隔；同一回路工作电源与备用电源电缆宜布置在不同层次并应进行耐火分隔；同侧多层支架上的排列应按高低压动力电缆、强电控制电缆、弱点控制电缆顺序，宜分层由上而下；对公用性重要回路、火电厂双辅机系统的厂用供电电缆宜分开布置在两侧支架上，条件困难时可布置在不同层次支架上；在同一通道中，不得将非难燃电缆与难燃电缆混合敷设，耐火电缆的敷设可不受上述限制。

2）架空敷设的电缆与热力管路应保持足够的距离，控制电缆、动力电缆与热力管道平行时，两者距离分别不应小0.5m和1m；控制电缆、动力电缆与热力管道交叉时，两者距离分别不应小于0.25m和0.5m。当不能满足要求时，应采取有效的防火隔热措施。

（8）环境要求。电缆沟、电缆隧道良好的排水设施，如设置排水浅沟、集水井，并能有效排水，必要时设置自动启、停抽水装置，防止积水，保持内部干燥。电缆沟、隧道的纵向保持排水坡度。防止水、腐蚀性气体或液体及可燃性液体或气体进入。电缆沟、电缆隧道宜自然通风，但当电缆正常负荷使隧道内空气温度高于40～50℃时，可采取自然排风和机械排风相结合的方式进行通风。通风系统的风机应与火灾探测器连锁，以保证隧道发生火灾时能自动停止送风。电缆隧道不得作为通风系统的进风道。应避免将电缆防火门处于常闭状态、用防火隔板将电缆完全封闭、将电缆沟盖板的缝隙填充和封闭等影响电缆通风和散热的做法。

（9）运维管理，严格控制电缆的制作材料和工艺质量，同时加强对电缆头的监视和管理；按照相关规程执行预防性试验，定期巡视检查，及时发现故障，防患于未然；保持电缆头完好，定期清扫电缆及电缆头等；防止鼠、蛇等小动物窜入破坏绝缘。

3.3.2 火灾自动报警系统

随着数字化、智能化无人值守变电站规模的扩大和功能的增强，对消防安全性能的要求也相应提高，一旦发生火灾，立即迅速作出反应，及时控制火灾以免延误灭火时机，造成重大损失。因此，发展强有力的主动自防、自救技术已成为现代变电站基本火灾的防护手段。

控制理论技术和仪器设备的智能化发展使得火灾自动报警技术和自动灭火技术成为当前发展最快、应用最广的主动式防火对策。在火灾的早期阶段，准确地探测到火情并迅速报警，进而及时灭火，对控制火灾蔓延和减少火灾损失具有重要意义。

3.3.2.1 基本组成

火灾自动报警系统由火灾探测器和报警控制器两部分组成，具体包括触发器件（探测器、手动报警按钮）、火灾报警装置（火灾报警控制器）、火灾警报装置（声光报警器）、控制装置（包括各种控制模块，火灾报警联动体机，自动灭火系统的控制装置，室内消火栓的控制装置，防烟排烟控制系统及空调通风系统的控制装置，常开防火门、防火卷帘的控制装置，电梯追降制动装置及火灾应急广播、火灾警报装置、消防通信设备、火灾应急照明及疏散指示标志的控制装置等）、电源等。

（1）触发器。在火灾自动报警系统中自动或手动产生火灾报警信号的器件称为触发器件，它主要包括火灾探测器和手动火报按钮。

火灾探测器是火灾自动探测系统的传感部分，也是火灾自动报警系统中应用量最大、应用面最广、最基本的触发器件。它能在现场发出火灾报警信号或向控制和指示设备发出现场火灾状态信号，准确性和智能化程度较高。

手动报警按钮是用手动的方式产生火灾报警信号、启动火灾自动报系统的器件，也是火灾自动报警系统中不可或缺的组成部分之一。

（2）火灾报警装置。用以接收、显示和传递火灾报警信号，并能发出控制信号和具有其他辅助功能的控制指示设备称为火灾报警装置。火灾报警控制器是其中最基本的一种，它具备为火灾探测供电，接收、显示、处理和传输火灾报警信号，明确报警位置和时间，同时对自动消防设备发出控制信号的完整功能，是火灾自动报警系统中的核心部分。因此，火灾报警控制器功能的多少反映出火灾自动报警系统的技术构成、可靠性、稳定性和性能价格比等因素是评价火灾自动报警系统先进性的重要指标。

火灾报警控制器按用途分为区域火灾报警控制器、集中火灾报警控制器和通用火灾报警控制器。

1）区域火灾报警控制器的主要功能包括火灾信息采集与信号处理式识别与判断，声、光报警，故障监测与报警，火灾探测器模拟检查报警计时，备用电切换和联动控制等。

2）集中火灾报警控制器的主要功能包括火灾报警显示、故障显示、联动控制显示、火灾报警计时、联动联警控制实现、信息处理与传输等。

3）通用火灾报警控制器兼有区域和集中火灾报警控制器的功能，小容量的可以作为区域火灾报警控制器使用，大容量的可以独立构成中心处理系统，形式多样，功能完备，可以按照其特点用作各种类型火灾自动报警系统的中心控制器，执行火灾探测、故障判断、火灾报警、设备联动、灭火控制及信息通信传输等功能。

（3）火灾警报装置。它是在火灾自动报警系统中用以发出区别于环境声、光的火灾警报信号的装置，是一种最基本的火灾警报装置，以声、光音响方式向报警区域发出火灾警报信号，以警示人们采取安全疏散、灭火施救措施。

（4）控制装置。在火灾自动报警系统中，当接收到来自触发器件的火灾信号或火灾报警控制器的控制信号后，控制装置能自动或手动启动相关消防设备并显示其工作状态。

（5）电源。主电源应采用消防电源，备用电源采用蓄电池组。系统电源除为火灾报警控制器供电外，还为与系统相关的消防控制设备等供电。

3.3.2.2 基本形式

火灾自动报警系统基本形式有三种，即区域报警系统、集中报警系统和控制中心报警系统。

（1）区域报警系统由区域火灾报警控制器或火灾报警控制、火灾探测器、手动报警按钮、警报装置等组成，其结构简单，使用面广，适用于二级保护对象。区域报警控制器应设置在有人值班的对应火灾报警区域内。区域报警系统如图 3－13 所示。

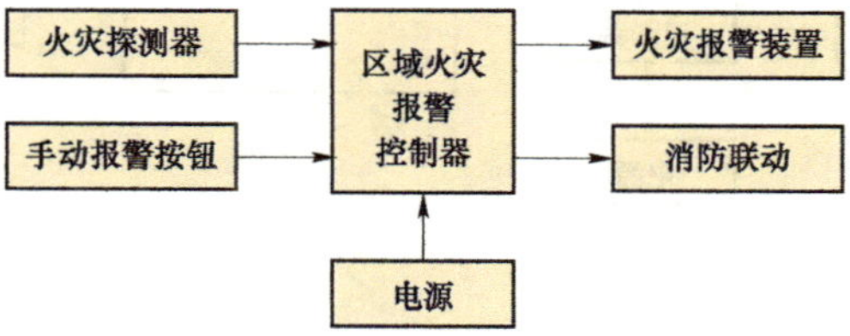

图 3－13　区域报警系统

（2）集中报警系统是由集中火灾报警控制器、区域火灾报警控制器和火灾探测器等组成或火灾报警控制器、区域显示器和火灾探测器等组成的功能较复杂的火灾自动报警系统，适用于一、二级保护对象。火灾报警控制器应设置在有专人值班的消防控制室，以便于管理各个区城报警控制器。集中报警控制系统如图 3－14 所示。

（3）控制中心报警系统是由消防控制室的消防控制设备、集中火灾报警控制器、区域火灾报警控制器和火灾探测器等组成或由消防控制室的消防控制设备、火灾报警控制器、区域显示器和火灾探测器等组成功能复杂的火灾自动报警系统，适用于特级、一级保护对象。控制中心报警系统如图 3－15 所示。

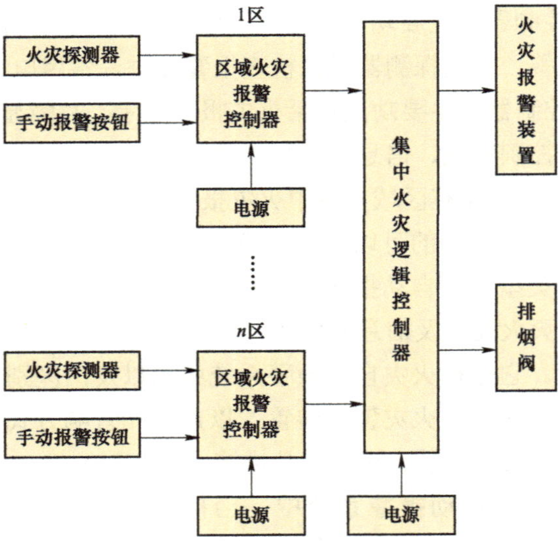

图 3-14　集中报警系统

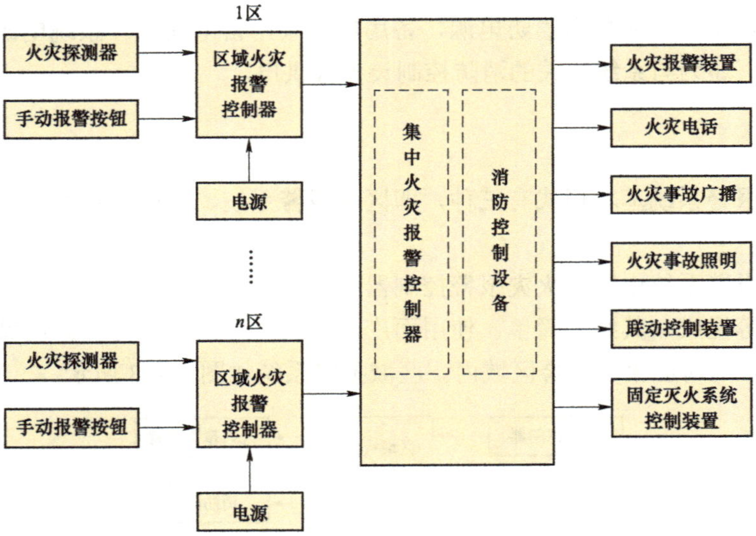

图 3-15　控制中心报警系统

3.3.2.3　工作过程

火灾自动报警系统工作过程示意图如图 3-16 所示。安装在保护区内的火灾探器实时监测被警戒的现象或对象，当发生火灾时，火灾探测器将探测到的烟雾、高温、火焰及火灾特有的气体等火灾信号转换成电信号，通过总线传输给报警控制器。现场工作人员发现火情后，立即启动手动火灾报警按钮。火灾报警控制器接收火警信号经确认后，通过火灾报警控制器上的声光警报装置进行报警，通知工作人员发生了火灾，同时自启动报警装置，通知工作人员投入灭火，相应地启动相关消防设备，如排烟设备、防火门、消火栓、水喷淋等设备，防止火灾蔓延，及时扑灭火灾，减少火灾损失。一旦火灾被扑灭，整个火灾自动报警系统又回到正常监控状态。

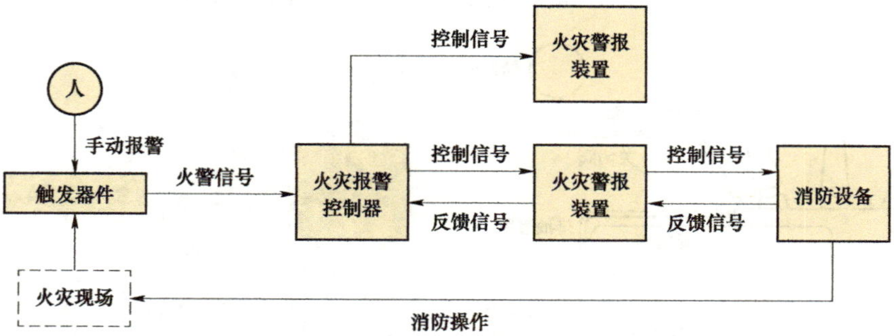

图 3-16 火灾自动报警系统工作过程示意图

3.3.2.4 安装场所

根据防火要求必须采用火灾自动报警系统的场所和设备为：变电站的主控通信室、配电装置室、可燃介质电容器室、继电器室，其中无人值班变电站还应将火警信号传至上级有关单位；采用固定灭火系统的油浸变压器；地下变电站的油浸变压器；220kV 及以上变电站的电缆夹层及电缆竖井；地下变电站、户内无人值班的变电站的电缆夹层及电缆竖井。

3.3.3 变电站排油注氮灭火系统

3.3.3.1 灭火原理

变压器着火一般是由内部绝缘被破坏引起。操作过电压或雷电过电压使绝缘逐渐退化，油位下降，潮湿或油酸分解及绝缘套管损坏引起电弧导致油温和压力骤增，迫使顶部套管或变压器本体破裂，大量燃烧的油可能大面积涌出，使整个变电站起火燃烧。

排油注氮装置在火灾初期由气体继电器和变压器上靠近着火点的温度探测器同时动作，发出报警信号，自动脱扣装置打开快速排油阀排出变压器顶部的热油，同时断流阀关闭，隔离储油柜，防止油枕内油外溢。3s 后定时脱扣装置打开充氮阀，将一定压力和流量的氮气送到变压器内，连续充氮搅拌约 10min。氮气将油箱内上下油层搅动混合，使燃烧中的油温度冷却至燃点以下，同时氮气覆盖在油的表面，使表面缺氧，油火在非常短的时间内被扑灭，其工作原理如图 3-17 所示。

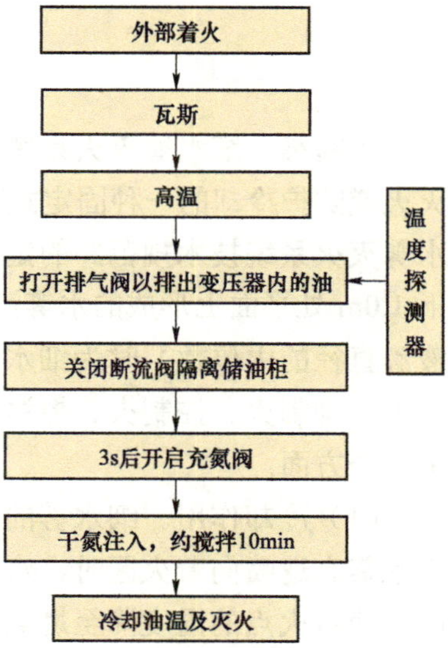

图 3-17 排油注氮装置工作原理

3.3.3.2 系统的结构及附件

排油充氮灭火系统专用于变压器消防，其系统如图 3-18 所示。排油充氮灭火装置的整体构成包括控制部分、灭火器、管道以及阀门四个部分，四个部分之间相互配合协调工作。

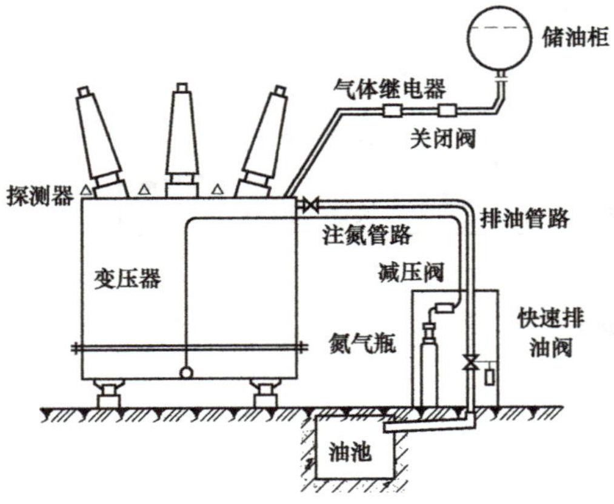

(a)

(b)

图 3－18　排油充氮灭火系统

（a）原理图；（b）实物图

安装时排油充氮灭火装置和变压器相连，火灾发生时，控制部分将灭火箱中的油阀以及氮气阀门依次打开。变压器油箱里的部分热油通过排油管路进入到专门的储油设备中，与此同时氮气从油箱下部注入油中，并把油箱底部冷却的油循环到油箱顶部，致使高温燃烧的油迅速降温，直到周围温度低于油的着火点。排油充氮灭火装置对变压器的内部灭火有非常好的效果，且设计、安装简单，但是对于外部火灾无效果。

3.3.4　变电站水喷雾、细水雾灭火系统

3.3.4.1　灭火原理

水喷雾、细水雾灭火系统是利用水雾喷头在一定水压下将水流分解成细小水雾滴进行灭火或防护冷却的一种固定式灭火系统。水滴直径越小灭火效果越好，按照 GB 50898《细水雾灭火系统技术规范》的定义：水在最低设计工作压力下，经喷头喷出并在喷头轴线向下 1.0m 处平面上形成的水雾滴粒径 $D_v0.5$ 小于 200μm，$D_v0.9$ 小于 400μm（$D_v0.5$ 表示喷雾液滴直径的中位数）时为细水雾，相应的灭火系统为细水雾灭火系统，可对保护对象实施灭火、抑制火、控制火、控温和降尘等多种方式的保护。水喷雾、细水雾灭火原理包括以下五个方面：

（1）冷却作用。细水雾的雾滴直径很小，吸热总表面积很大，在火场中能完全蒸发。当水雾高速喷向着火区时，水雾迅速从液态相转变为气态相，这个转变过程吸收大量的热能，使着火点的温度降至燃点以下。细水雾粒子小，质量轻，没有直接被打入火源的雾化粒子，也会随着燃烧产生的涡流进入火源中，充分利用所喷洒的水，加速降温及减少灭火所需的用水量。

（2）窒息作用。细水雾雾滴与火焰相互作用，雾滴汽化体积增大 1700 倍，水蒸气稀释了火焰附近氧气的浓度，最大限度地排出火场的空气，在火焰周围形成屏障，阻挡新鲜空气的吸入。当火场周围的氧气浓度降低到一定水平时，火焰将被窒息、熄灭。

（3）乳化作用。对于不溶于水的可燃液体（如变压器绝缘油），当细水雾喷射在正在燃烧的液体表面时，由于水雾滴的冲击，在液体表层造成搅拌作用，从而造成表层液体的乳化，形成的乳化膜具有难燃特性，中断燃烧链，有效降低燃烧强度。乳化层在喷射停止后仍能保持相当长的时间，对防止复燃十分有利。

（4）冲击作用。从喷头喷出的高速雾流与喷头附近的气流作用形成气雾流，气雾流形成之后直接冲向燃烧物质。这种高速气雾流对火焰有冲击、拉伸作用，对于已经受到抑制的残余火焰有熄灭作用。

（5）阻隔辐射热。细水雾喷入火场后，蒸发形成的蒸汽迅速将燃烧物、火焰和烟羽笼罩，对火焰的辐射热具有极佳的阻隔能力，能够有效抑制辐射热引燃周围其他物品，达到防止火焰蔓延的效果。

3.3.4.2 水喷雾灭火系统

水喷雾灭火系统如图 3－19 所示。水喷雾灭火系统主要由消防供水系统、雨淋阀组、配水管道、水雾喷头及火灾探测装置等几部分组成。按压力分为高压、中压和低压系统；按作用面积分为全淹没、局部应用系统；按起动方式分为瓶组式和泵组式系统。

水喷雾灭火系统设有自动控制、手动控制和应急操作 3 种控制方式。自动控制是指水喷雾灭火系统的火灾探测报警部分与供水设备、雨淋阀组等部件自动连锁操作的控制方式；手动控制是指人为远距离操纵供水设备、雨淋阀组等系统组件的控制方式；应急操作是指人为现场操纵供水设备、雨淋阀组等系统组件的控制方式。

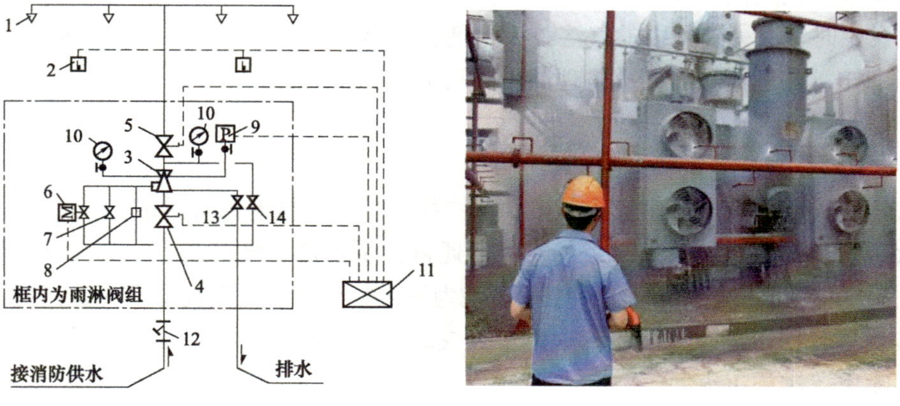

(a)　　(b)

图 3－19　水喷雾灭火系统

（a）示意图；（b）实物图

1—水雾喷头；2—感温探测器；3—雨淋报警阀；4—信号阀；5—试验信号阀；6—电磁阀；7—手动开启阀；8—非电控远程手动装置；9—压力开关；10—压力表；11—火灾报警控制器；12—泄水阀；13—试验放水阀

细水雾灭火系统的管网在区域阀前的管道充满水，区域阀后的管道充满空气，当报警系统发出两路报警信号（温感、烟感）后，火警防护区的响应区域阀动作，启动细水雾泵组，提供至少 3.5MPa 的工作压力。如果高压泵的流量高于已打开喷头所需的流量，则超出部分通过溢流阀流回储水箱。泵组系统一旦起动，将持续运行 30min。系统动作流程图如图 3－20 所示。

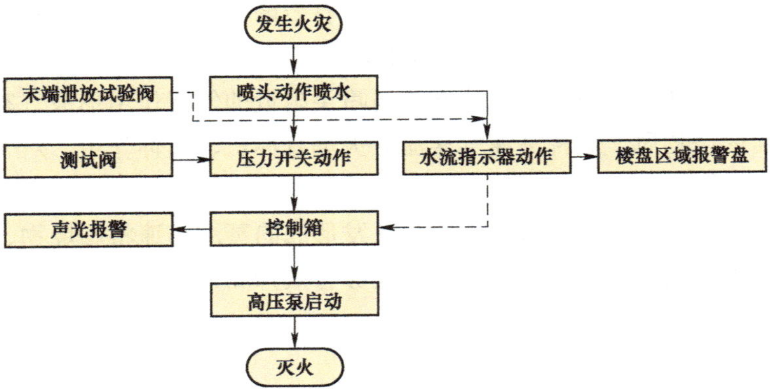

图 3－20　系统动作流程

3.3.5　热气溶胶灭火系统

3.3.5.1　灭火原理

热气溶胶是由氧化剂、还原剂、黏合剂、燃速调节剂等物质混合而成的固体混合药剂，在启动电流或热效应的引发下，经过药剂自身的氧化还原反应生成具有灭火性质的气溶胶。按照热气溶胶发生剂的氧化剂的种类可分为 K 型热气溶胶、S 型热气溶胶和其他型热气溶胶。火灾发生时，灭火装置中的气溶胶灭火剂被引燃，燃烧产生的气固物质能以化学抑制、吸热降温和排氧窒息等综合灭火机理高效扑灭火灾。

3.3.5.2　系统的组成

热气溶胶灭火系统一般由灭火装置和火灾探测控制装置两部分组成。

灭火装置是热气溶胶灭火系统的主体，通常由引发器、气溶胶产生剂和发生器、冷却装置（剂）、反馈元件及外壳等组件组成，是为满足特定功能需要而具有特殊结构的反应装置。该装置平时用于储存气溶胶灭火剂，火灾时使气溶胶灭火剂发生化学反应，产生灭火气溶胶并喷出，实施灭火。

热气溶胶灭火系统的探测控制装置有火灾探测器和分区启动控制器等，火灾探测器用于探测火灾并发出报警信号，启动控制器接收火灾探测器发出的火灾信号后做出判断，并通过输出端启动灭火装置。

罐体一般为不锈钢全密封，药剂喷射口位于罐体外部，装置采用以锶盐和钾盐为基础的化学药剂，其微粒小于 2μm，装置激活前将一直处于全封闭的安全、稳定状态，装置寿命达到 12 年。罐体内化学药剂在未启动前呈固体状态，不会因挥发导致药剂量减少。发生火灾时，通过电控（温控）装置启动，装置被激活后会自行进行药剂燃烧并以气雾方式喷射，通过中断燃烧链、破坏氢氧自由基的方式达到灭火的效果，灭火后残留物无毒性、无腐蚀性。图 3－21 为气溶胶灭火系统的示意图。

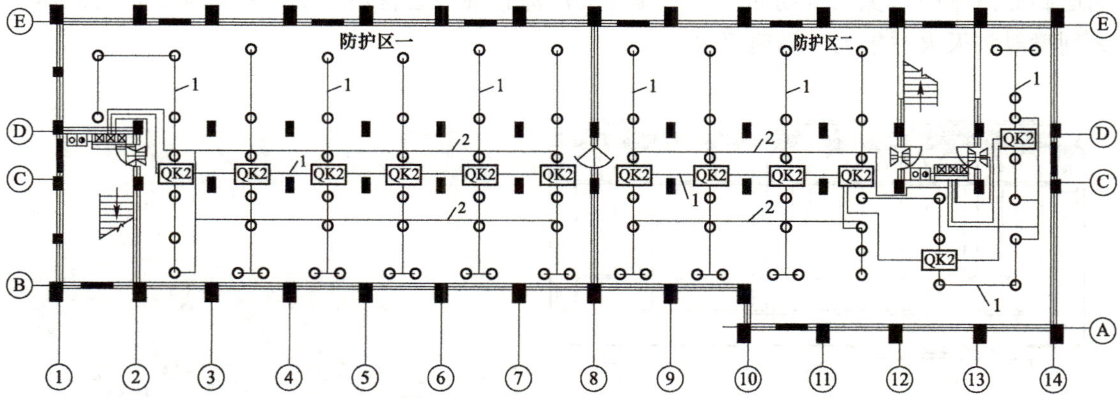

图 3-21 热气溶胶系统示意图

◎—紧急启停按钮；⊠⊠⊠—气体灭火装置；△—气体释放灯；○—热气溶胶灭火装置；

QK2—气溶胶启动模块；△—声光报警器

1—启动线；2—喷射反馈线

当保护区发生火灾时，控制器收到火灾探测器发出的信号发生光报警，延迟 30s 后，通过启动模块自动启动装置喷射气溶胶灭火剂实施灭火。另外，也可在现场按动紧急启动按钮直接开启灭火装置，气溶胶灭火系统的工作流程如图 3-22 所示。

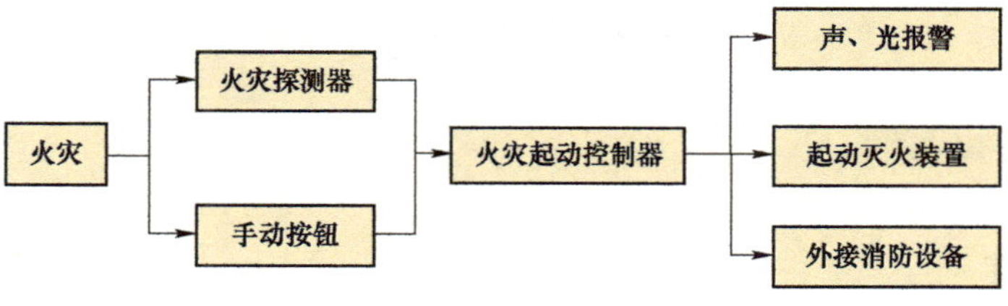

图 3-22 热气溶胶灭火系统工作流程

3.3.6 泡沫灭火系统

3.3.6.1 灭火原理

泡沫灭火是在一定压力作用下，通过专用的喷头将高效水系泡沫灭火剂水溶液充气形成大量微小气泡群，悬浮于液体表面形成隔绝层，阻止燃料蒸发，利用灭火剂所具有的泡沫和水雾的冷却、隔离、乳化、窒息等综合效应来快速灭火。

3.3.6.2 系统的组成

泡沫灭火系统的组成如图 3-23 所示，主要针对变电站内主变压器消防。

压缩氮气驱动的泡沫喷雾灭火系统主要由储液罐、泡沫预混液、动力瓶组、驱动装置、减压装置、泡沫喷雾喷头、管网等部件组成。动力瓶组内储存一定压力的氮气，火灾发生时开启驱动装置打开动力瓶组，动力瓶组内的氮气经减压装置减压至储液罐的工作压力后输送到储液罐中，氮气推动储液罐内储存的泡沫预混液经管道至泡沫喷雾喷头，将泡沫灭火剂喷射到灭火对象上，迅速灭火。

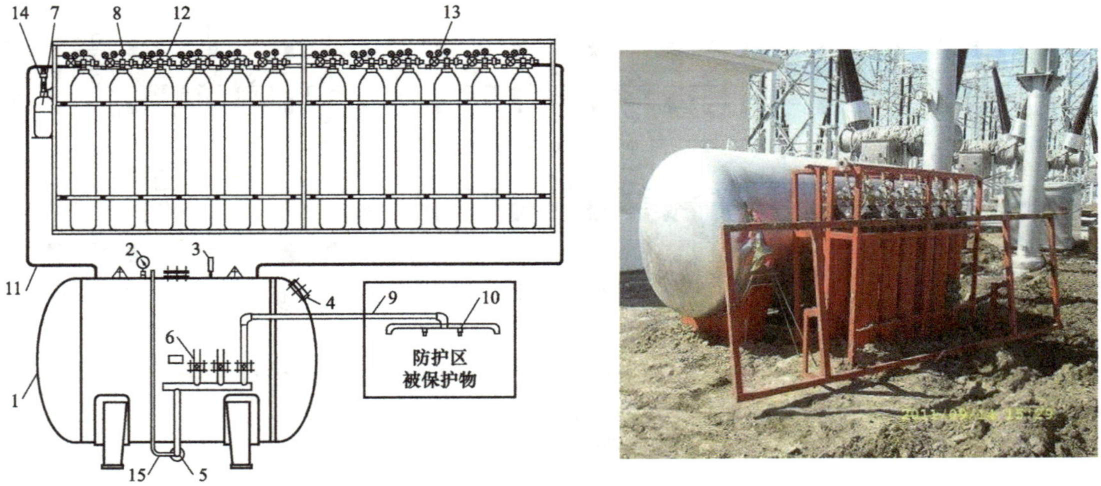

(a)　　　　(b)

图 3-23　泡沫灭火系统

（a）示意图；（b）实物图

1—储液罐；2—压力表；3—安全阀；4—观察口；5—控制阀；6—电磁控制阀；7—启动瓶组；8—动力瓶组；9—泡沫预混液；10—泡沫喷雾喷头；11—动力源管路；12—启动源管路；13—减压器；14—电磁阀；15—液位计

3.3.7　干粉灭火系统

3.3.7.1　灭火原理

干粉灭火剂由基料和添加剂组成，基料起灭火作用，添加剂用于改善干粉灭火剂的流动性、防潮性、防结块等性能。窒息、冷却及对有焰燃烧的化学抑制作用是干粉灭火效能的主要原理。

干粉灭火剂中灭火组分是燃烧反应的非活性物质，当其进入燃烧区域火焰中时，分解所产生的自由基与火焰燃烧反应中产生的自由基相互反应，捕捉并终止燃烧反应产生的自由基，降低燃烧反应的速率。干粉灭火剂在燃烧火焰中吸热分解，因每一步分解反应均为吸热反应，故有较好的冷却作用。此外，高温下干粉分解，在固体物质表面生成一层玻璃状薄膜残留覆盖物，阻止燃烧进行，并能防止复燃。

3.3.7.2　系统的组成

干粉灭火系统主要由干粉灭火设备和火灾自动探测控制两部分组成。干粉灭火设备由干粉储罐、动力气体容器、容器阀、输气管、过滤器、减压器、高压阀、输粉管、球形阀、压力表、喷头、喷枪、干粉炮等组成；火灾自动探测控制由火灾探测器、启动瓶、启动瓶控制机构、报警器、控制盘等组成。图 3-24 为干粉灭火系统的示意图和实物图。

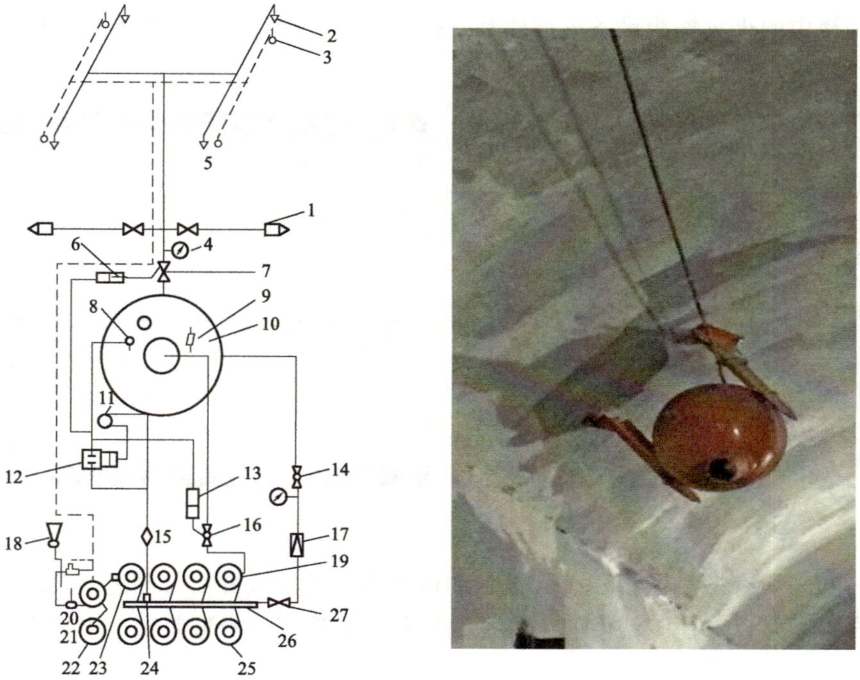

(a)　　　　(b)

图 3-24　干粉灭火系统

（a）示意图；（b）实物图

1—干粉喷枪；2—喷嘴；3—火灾探测器；4—压力表；5—输粉管；6，13—气缸；7，14，16—球阀；8—压力表接头；9—安全阀；10—干粉罐；11—气动定压发信器；12—单向气动放大器；15—过滤器；17—减压阀；18—报警喇叭；19，25—动力瓶；20—起动瓶；21，24—减压器；22—补气瓶；23—先导瓶；26—集气管；27—高压阀

干粉灭火系统可以在消防人员发现火情后人工操作启动，也可以通过火灾探测器在着火后动作，通过控制盘自动启动。

启动机构动作后，把高压储气瓶的瓶头阀打开。高压气体进入减压器，经减压后具有一定压力的气体进入干粉灭火剂储存罐，干粉罐内的压力迅速上升，使罐中的干粉灭火剂疏松便于流动。干粉灭火剂储罐内的压力升高到规定的数值时，定压动作机构开始动作，经减压后的部分气体推动控制气缸，打开干粉罐出口的总阀门，根据控制盘的指令打开通向着火对象输粉管上的选择阀。干粉灭火剂在气体的带动下经过控制阀和固定管路到喷头，把干粉灭火剂喷射到着火物上。

3.3.8　换流站火灾探测报警系统

换流站火灾探测报警系统主要包括阀厅、控制楼及继电器室早期烟雾探测系统（Very EarlySmoke Detection Apparatus，VESDA）；控制楼、换流变压器区域、平波电抗器区域、综合水泵房、综合楼、生产实验烟雾和温度探测系统；阀厅紫外线火灾探测系统；手动报警按钮、喇叭、闪光灯等设备。

3.3.8.1　常规火灾探测报警系统

（1）火灾报警控制盘。常规火灾探测报警系统的火灾报警控制盘 PBS-32 和 PBS-16

可以对控制楼内的火灾探测设备进行控制、报警复归，查看报警信息和水消防、气体消防启动情况，如图 3-25 和图 3-26 所示。

图 3-25　PBS-32 火灾报警控制盘

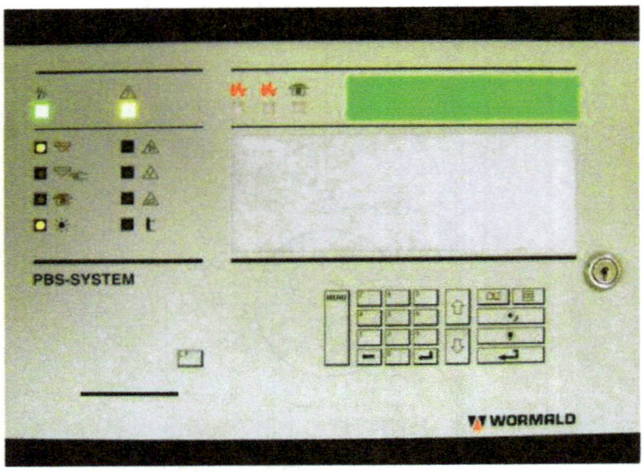

图 3-26　PBS-16 火灾报警控制盘

PBS-32 与所有探测设备和灭火设备均可通信，采集报警信号并进行判断，必要时可启动灭火设备；可以对控制楼内的火灾探测设备进行控制、报警复归，可以查看报警信息和水消防、气体消防启动情况等。

一个探测器动作将发出声光告警；两个探测器同时动作时（可以是两个烟雾探测器或是两个 VESDA 探测器，也可以是一个烟雾探测器和一个 VESDA 探测器），空调系统停运，并启动气体消防释放烟烙尽气体进行灭火。

控制楼主控室内设有远方消防控制盘，可在紧急时远方手动启动换流变压器、平波电抗器雨淋阀和消防泵等消防设备，也可以远方打开关闭阀厅烟雾风挡等设施，如图 3-27 所示。

（2）探测区域和回路。换流站消防系统可以按照区域来划分，也可以按照环路来划分。一个探测区域可以是一个房间，也可以是指定的某一个区间，用 ZONE 来表示。一个环路就是若干个消防器件组成的一个探测系统，可以包含几个区域，用 LOOP 来表示，图 3-28 为消防系统探测器接线原理图。

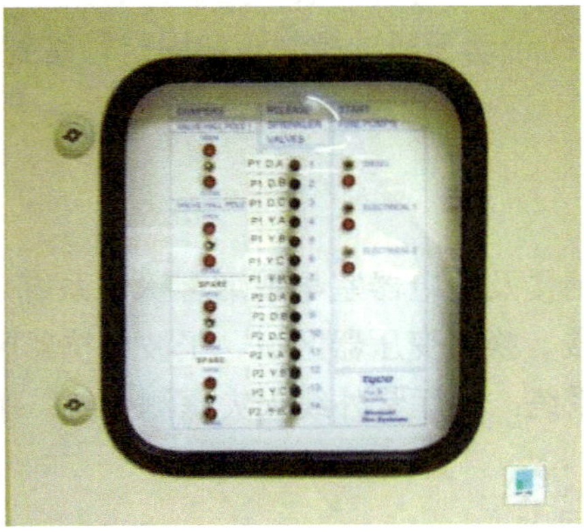

图 3-27　远方消防控制盘

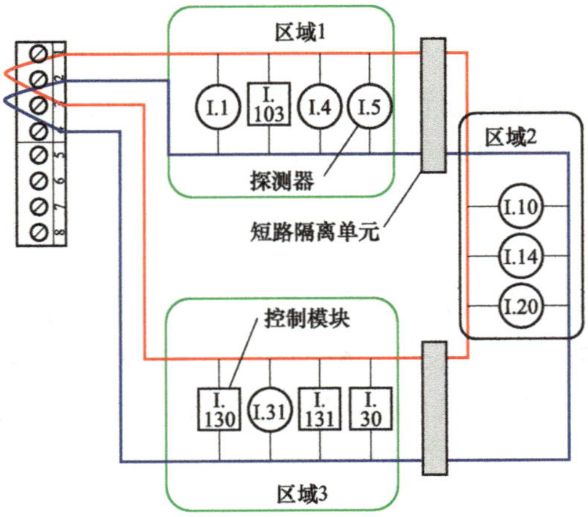

图 3-28　消防系统探测器接线原理图

PBS 系统检测回路为环状，连接到检测回路上的原件都连有两对线，每对线内一根带正电一根带负电，一个环路两端构成独立的回路进行探测，任一对接线断开都不影响消防系统正常工作。PBS 系统对环路接线故障也能正确检测，发出开路或短路报警。

（3）环路控制模块。环路控制模块能够对整个系统的探测器、回路等进行全面扫描，每次大约 3～4s，每次扫描设备的输入值被读入并传递到环路控制模块，经过微处理器处理，若不在正常范围内则与设定的故障、预警或火灾界线值比较，作出相应的逻辑判断，如故障报警、火灾报警、启动喷气等。

（4）感烟离子探测器。感烟离子探测器一般分布于设备区的顶部和地板下面，其中的电离室内有 α 放射源 Am241 持续放射出 α 粒子射线，以高速运动撞击空气中的氮、氧等分子，在 α 粒子的轰击下引起空气电离，产生大量的带正负电荷的离子，使得原来不导电的空气具有导电性，当电离室两端加上一定的电压后，空气中的正负离子向相反的电极移动，形成电离电流。烟雾粒子进入电离室后，气溶胶吸附大量的正负离子，使其中和。烟雾越浓，离子复合速度越快，使空气中电离电流迅速下降，电离室阻抗增加，根据 R 值变化可以感受到烟雾浓度的变化，实现对火灾的探测。

感烟离子探测器系统形成多个回路，每个探测器都有独立地址编码，对阀厅、阀厅阀控制单元、控制楼各设备间、继电器室、电缆夹层、综合楼、生产试验楼等区域火灾进行监视。图 3-29 为感烟离子探测器。

图 3-29　感烟离子探测器

（5）热探测器。热探测器用于探测保护区域中的热源，进行火灾报警。普通型热探测器安装在办公区域，防水型热探测器安装在盥洗室等区域，分别对相关区域进行保护。图 3-30 和图 3-31 分别为普通热探测器和防水型热探测器。

图 3-30　普通热探测器

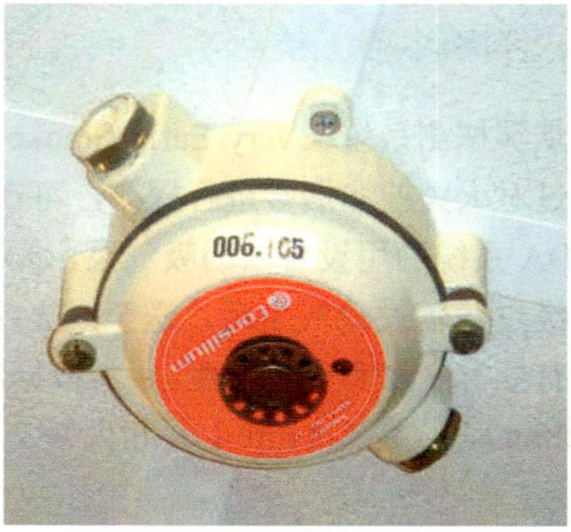
图 3-31　防水型热探测器

（6）紫外感光火灾探测器。紫外感光火灾探测器是一种对紫外光辐射敏感响应的火灾探测器。火焰的辐射是具有离散光谱的气体辐射和伴有连续光谱的固体辐射，为了避免其他信号的干扰，常利用波长小于 300nm 的紫外线。紫外线传感器只对 185～260nm 狭窄范围内的紫外线进行响应，而对其他频谱范围的光线不敏感，利用它可以对火焰中的紫外线进行检测。紫外火焰探测技术可靠性较高，反应时间极快，信噪比高，具有极微弱信号检测的能力。与红外探测器相比，紫外探测器更为可靠，且灵敏度高、输出高、响应速度高，应用线路简单，紫外探测系统对实现对可控硅阀塔的覆盖监视。

R7404 控制器（图 3-32）和 C7050 紫外探测器（图 3-33）共同组成高效可靠的紫外光检测系统。控制器中装有微处理单元，可以控制探测器同时监控 8 个不同的区域。相应区域的报警信号会显示在控制器的相应模块上。R7404 控制器包括自动光学检测功能，每分钟自动进行一次校准检测，来检测探测器的光学表面、灵敏度、机械故障和电子回路故障等。

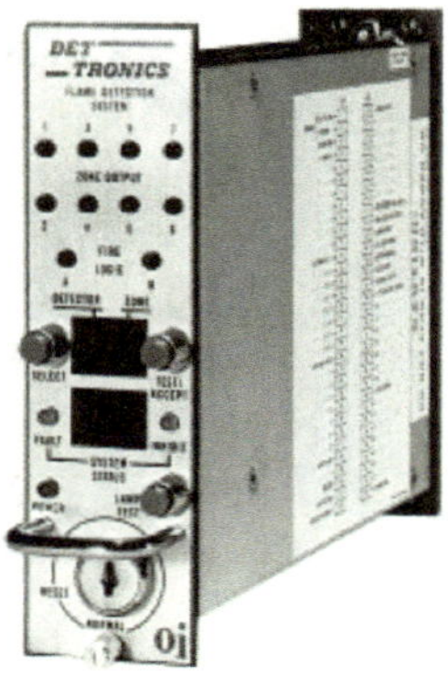

图 3-32　R7404 控制器

图 3-33　C7050 紫外探测器

每极阀厅共配备 8 个紫外探测器，四个顶部角落各一个，阀厅东西两侧墙顶部中间各两个。该探测器不受大风、雨水、太阳光和人造光线等的影响，可靠性较高，可及时检测阀厅内明火并发报警。

3.3.8.2　早期烟雾探测系统

早期烟雾探测系统（Very Early Smoke Detection apparatus，VESDA）具有极高的探测能力，通过对火灾前兆烟雾进行探测，可在火灾早期酝酿阶段发现火灾隐患。

VESDA 系统利用设备内的吸气泵，通过分布在保护区内的采样管网主动吸入和采样空气样品，经过滤器过滤灰尘后，送至激光探测腔分析，实时监测阀厅内空气的烟雾浓度，判断是否有烟雾产生和火灾发生，通常根据烟雾浓度可以输出 4 级报警，分别是警告（Alert）、行动（Action）、火警 1（Fire Ⅰ）和火警 2（Fire Ⅱ），采用火警 2（最高级别报警）作为跳闸判据。

VESDA 系统主要由气体采样管道、探测单元（VESDA 主机）、显示单元等部件构成，如图 3-34 所示。

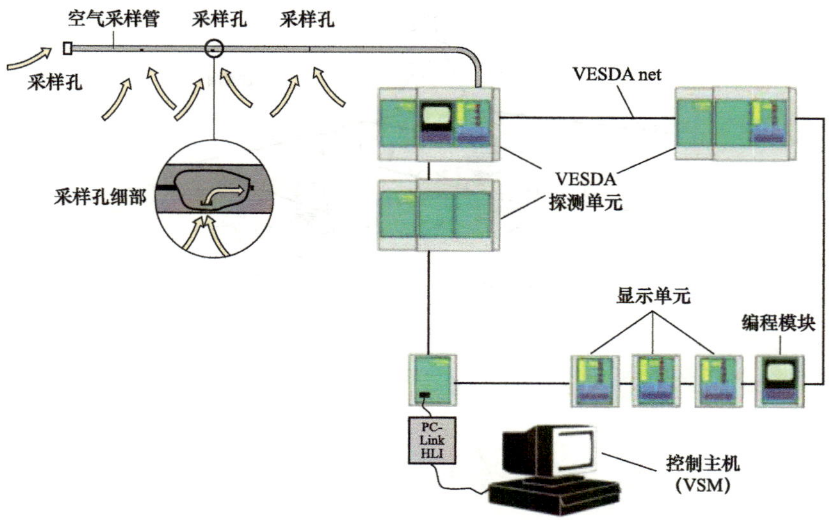

图 3-34 VESDA 系统构成示意图

（1）气体采样管道。在图 3-35 所示的控制楼里，每个房间有两条独立的探测管道，对应两套独立的 VESDA 探测单元。以控制楼的两个设备间 213 和 214 为例，两台探测单元分别对应 ZONE3 和 ZONE4 区域，确保不会因为单台探测单元的故障导致某个保护区域失去火灾探测功能，也能防止单台设备故障而误报警。

（2）探测单元（VESDA 主机）。VESDA 系统探测单元（VESDA 主机）内部激光探测腔利用固态激光源发射直径为 3.5mm 激光束照空气样品，通过散射光接收器接收散射光，探测空气中的烟雾粒子，探测结果经计算后判断是否发生火情，进而显示报警并发出控制信号，同时储存报警事件及时间。图 3-36 为 VESDA 系统的现场组成，图 3-37 和图 3-38 分别为 VESDA 的探测单元和探测管道。

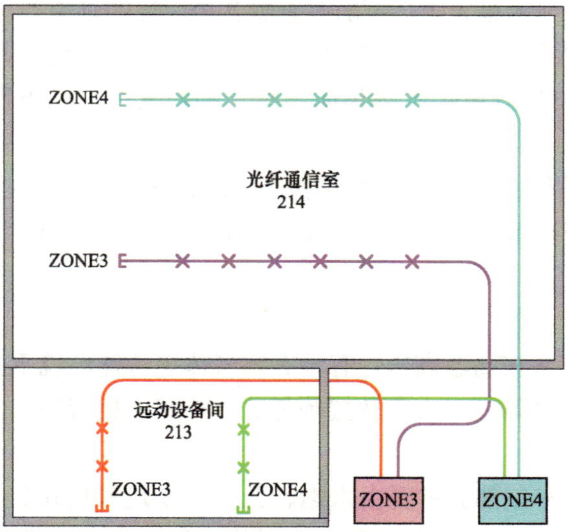

图 3-35 控制楼气体采样管网分布简图

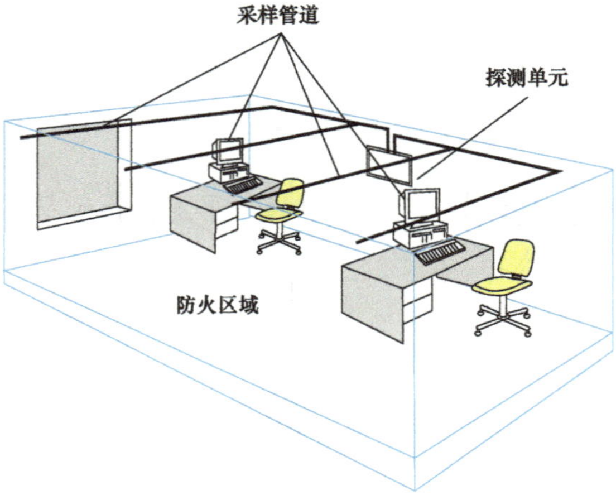

图 3-36 VESDA 系统现场组成

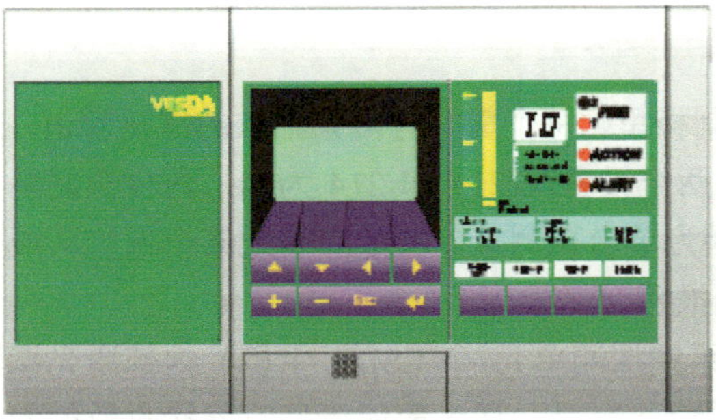

图 3-37 VESDA 探测单元

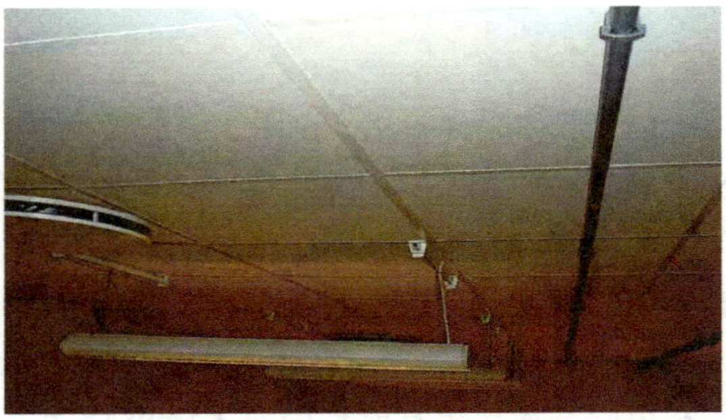

图 3-38 VESDA 探测管道

VESDA 系统探测单元通过 VESDA net 网络将各种探测信息和报警信息发送至编程模块和 VSM 控制主机。通过 VSM 软件，运行和检修人员进行远程集中管理、全面监控，查看告警信号、各气体采样管道流量参数和烟雾等级是否正常。

（3）显示单元。在显示单元上，可随时查看各个区域的烟雾等级，并具有由低到高报警、动作、火警Ⅰ、火警Ⅱ四个报警等级，可在火警Ⅰ时启动火灾报警灯、火灾报警喇叭，火警Ⅱ时可启动 INERGEN 气体消防系统，同时具有复归报警、消音、隔离、试验等功能。

VESDA 系统可以提供高灵敏度的烟雾探测，对于先有烟雾产生再发生明火类型的火灾响应时间最短，一般情况下，可比点式常规探测器早报警 4～11h。

3.3.8.3 阀厅消防机器人

阀厅消防机器人具备在高温高压、有毒有害气体等特殊环境下完成人员的搜索、灾情探测定位、定点抛投、排障、灭火和救援等任务，丰富了换流站火灾处置的手段，提升了消防工作的科技含量。

阀厅消防机器人的车载部分主要由水炮、云台、雷达等模块组成，如图 3-39 所示。云台模块能与水炮进行联动，可以实现云台寻找火源、水炮自动瞄准的效果。机器人搭载的消防水炮压力达 0.6～1.6MPa，最大流量为 80L/s，最远射程达 88m。配置全景侦查摄像机和热成像摄像机，可 360° 全景 3D 实时高清晰度监控，并配备精确定位水源位置和测温功能。

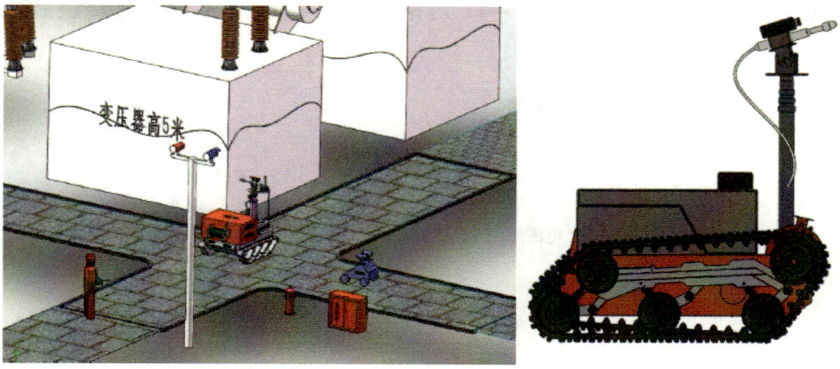

图 3–39 阀厅消防机器人

阀厅机器人采用了履带式底盘，并配置了气体检测装置。履带式底盘可以适应火灾发生时的复杂路面，提高越障能力，可轻松越过 45° 的陡坡。气体检测装置可对火灾现场的有毒气体进行检测，最大限度保障了运维人员和消防人员的安全。

阀厅消防救援机器人虽然功能众多，结构复杂，但操作起来却非常方便。运维人员可通过遥控器实现对机器人各项功能的操控。遥控器上的显示器可以显示可见光、热成像、3D 等图像，各操控键可以实现对机器人的底盘驱动控制、照明控制、水炮控制、云台控制等。

3.3.9 阀厅自动灭火系统

3.3.9.1 气体消防系统

在阀厅 VCU 间、控制楼及继电器室采用烟烙尽气体消防系统和混合气体 IG–541 自动灭火系统。

（1）系统基本组成及灭火原理。气体消防一般采用的是由氮气、氩气和二氧化碳按一定比例混合而成的气体，无色、无味、无腐蚀、不导电，密度接近于空气的密度。

通常当环境中氧气浓度降至 15%以下时，大部分可燃物停止燃烧，当设计浓度恰当的混合气体喷放至保护区时会使环境中氧气浓度降至 10%左右，二氧化碳浓度上升到约 4%，可以加快人的呼吸速率和人体吸收氧气的能力，使人体用更快更深的呼吸来补偿环境中较低的氧浓度。

换流站设置有 INERGEN 气体消防系统的动作喷气灭火区域有：控制楼各设备间（包括主控制室、极Ⅰ/Ⅱ的极控制室、站公共设备室、远动设备室、光纤通信室、通信人员值班室、极Ⅰ/Ⅱ400V 配电室）、阀厅 VCU 设备间、1 号、2 号继电器室及其电缆夹层。

（2）各主要部件功能。控制楼 INERGEN 气体消防钢瓶需备两套，一套投运，一套备用。在控制楼的 PBS 火灾报警盘上有切换的钥匙孔。消防动作后可在火灾报警控制盘上手动复归报警，再切换钥匙切换至备用消防钢瓶。

INERGEN 气体消防钢瓶主要由钢瓶、电磁阀、压力表、安全阀和保护帽组成。

钢瓶用于储存灭火用高压气体，其成分主要有：52%的氮气，40%的氩气和 8%的二氧化碳。图 3-40 为钢瓶的结构图，图 3-41 为钢瓶实物图，图 3-42 为安装到位的灭火钢瓶图。

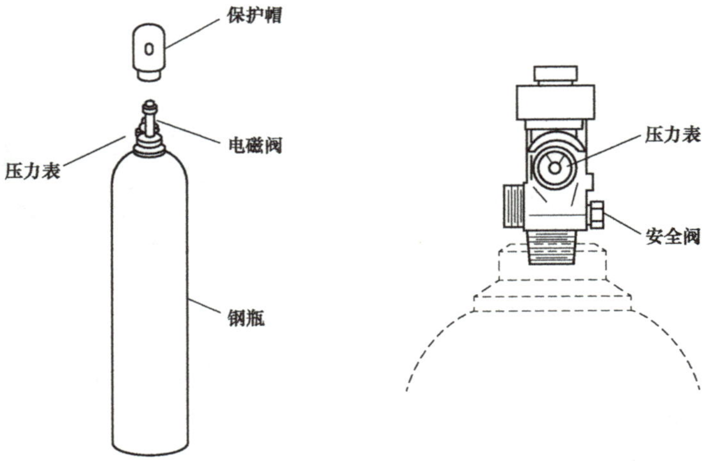

图 3-40　INERGEN 气体消防钢瓶结构图

图 3-41　INERGEN 气体消防钢瓶实物图

图 3-42　安装到位气体灭火钢瓶

电磁阀接收火灾报警控制系统动作信号，启动喷气，释放高压钢瓶内气体对相应火灾区域灭火，图 3-43 为电磁阀动作的原理图。

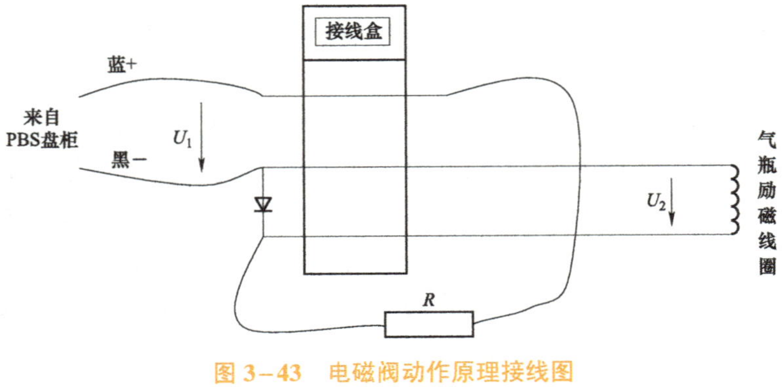

图 3-43　电磁阀动作原理接线图

正常时电磁阀电压 U_1 为 21V 左右，当火灾报警控制系统需要启动气体消防时，U_1 会变为 24V，气瓶励磁线圈承受 12V 左右的电压，动作冲开气瓶阀门。常用的气瓶的励磁线圈有两种型号，动作电压分别为 12V，和 24V。图 3-44 为 12V 的励磁线圈接线原理图，其线圈外观为黑色。图 3-45 为 24V 励磁线圈无需串连电阻，其线圈外观为红色。

图 3-44　12V 动作电压励磁线圈电磁阀

图 3-45　24V 动作电压的励磁线圈电磁阀

3.3.9.2　水消防系统

（1）基本构成原理。水消防系统主要由消防水池、消防泵房、感温电缆或气体管网（含感温玻璃泡）、水管网、喷淋控制装置、远方控制回路构成，主要用于换流变压器、平波电抗器、主变压器等设备的高压水喷雾灭火以及换流站消防栓供水灭火。换流变压器、平波电抗器采用水喷雾消防系统；综合水泵房，雨淋阀间采用水喷淋消防系统；控制楼、综合楼、生产试验楼采用消防栓。

当设备着火时，感温电缆受热熔断，启动火灾报警信号回路，安装在控制室内的火灾报警控制器接收信号后发出联动信号，打开对应的雨淋阀，同时启动消防泵，对着火设备进行水喷雾灭火，同时发出火灾报警信号。

当设备着火时，压力气体管网内感温玻璃泡受热爆裂，与之相连的气体管网泄压，压力降低，对应雨淋阀间阀门被水冲开，水喷雾系统启动并发出消防报警信号，水管网压力降低，电动泵或柴油泵启动持续供水灭火。

（2）设备构成。换流站水消防系统一般包括两台电动消防泵、两台稳压泵、一台备用柴油机消防泵、两座工业消防水池、消防栓、雨淋阀间（包括雨淋阀组件、膜室充水回路、雨淋阀排水装置、感温探测气管或感温电缆、空压机及其补气回路）、水喷雾管道，如图 3-46 所示。

每台换流变压器、平波电抗器、主变压器均配有一套完整的水喷淋系统，由雨淋阀、火灾探测元件和控制装置组成。

1）消防泵及消防栓。正常情况下，消防系统水压由消防稳压泵维持在 8～9.5bar。当管网水压低于 7.5bar 时 2 号消防泵自动启动；当管网水压低于 7.0bar 时 2 号消防泵自动启动；当管网水压低于 6bar 时柴油机消防泵自动启动；1、2 号消防泵、柴油机消防泵均需现场手动停泵。

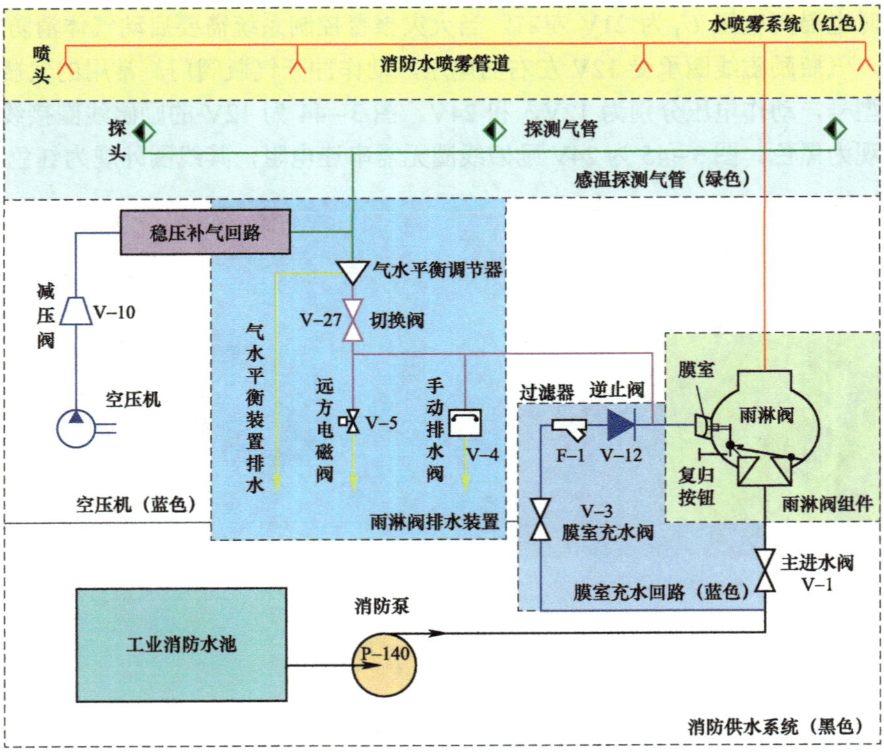

图 3-46　换流变压器、平波电抗器水消防系统简图

消防水管分布到全站各消防点，在控制楼、阀厅以及换流变压器、平波电抗器、油罐区、综合水泵房、生产试验（综合楼）形成环状水管路。

2）气体探测管道及探测元件。换流变压器、平波电抗器水喷淋系统中的气体压力为 3.5bar 左右，当探测气管道气压低于 3bar 时系统报警。正常运行时，空压机气缸中的压缩空气自动通过减压阀进入探测管道中，维持探测气管道压力。当气缸压力低于 6bar 时，空压机启动为气缸补充压缩空气，在 10bar 停止。

在综合水泵房及雨淋阀间内部设置有独立的水喷淋消防管道，当温度探测器检测温度达到 68℃时喷头自动爆裂，进行水喷淋灭火。

每台换流变压器和平波电抗器周围安装有温度探测元件，该元件安装在压力探测管道上，当温度达到 93℃时温度探测器爆裂，雨淋阀探测气管道气体压力下降至约 2bar 时，气水平衡装置失去平衡动作，释放掉雨淋阀膜室水压，雨淋阀动作，喷淋阀喷水在着火设备区域形成水雾灭火。

3）气水平衡装置功能原理。气水平衡装置内部剖面及外观如图 3-47 所示，装置设定弹簧压力为 F_0，水压处底面积为 $S_{水}$，气压处面积为 $S_{气}$，则在汽水平衡时，有：

$$F_0+10\text{bar}\times S_{水}=3.2\text{bar}\times S_{气}$$

此时，汽水平衡，水被密闭在腔内，不会从排水口排出。当探头探测到火灾时，探头玻璃珠破裂，探测管道内部的气压降低，弹簧会向上顶起，弹力变小，此时：

$$F_1+10\text{bar}\times S_{水}=(2\sim3.2)\ \text{bar}\times S_{气}$$

直到气体压力变为 2bar 时，弹簧和水压力合力大于气压力，此时：

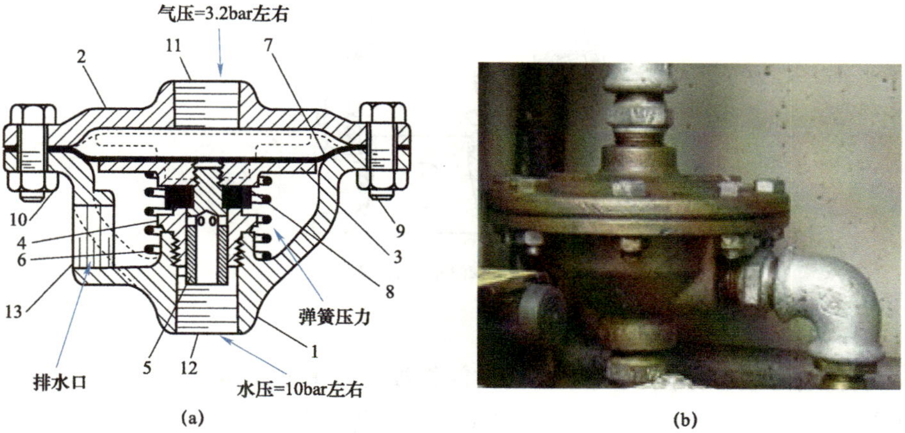

图 3-47 气水平衡装置

(a) 内部剖面；(b) 外观图

1—本体；2—横隔膜上挡板；3—横隔膜下挡板；4—镶圈；5—管道；6—弹簧；7—横隔膜；8—密封圆盘；9—螺栓；10—螺母；11—进气管；12—进水管；13—排水管；14—泄流孔

$$F_2+10\text{bar}\times S_{水}>2\text{bar}\times S_{气}$$

此时弹簧会向上顶起使排水口露出来，腔内水被排出，与雨淋阀膜室相通，使得膜室压力降低，如雨淋阀动作过程图解所示，膜室水压力顶不住门栓，导致水冲开阀门动作。

4）雨淋阀功能。雨淋阀用于换流变压器、平波电抗器水喷雾灭火系统水流控制，图 3-48 为雨淋阀外观图。设备正常运行时，雨淋阀在关闭位置，发生火灾后，雨淋阀被消防高压水冲开，自动进行喷水灭火。

图 3-49 为雨淋阀正常运行时的剖面图，管网中压力为 10bar 左右，雨淋阀膜室水压 10bar，通过顶针将雨淋阀门栓卡住，同时雨淋阀门栓利用杠杆原理，压住雨淋阀主水挡板，保持管道消防水不外泄。

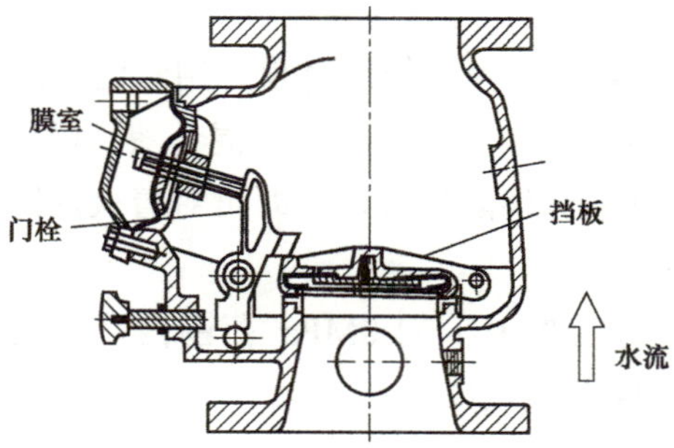

图 3-48 雨淋阀外观图

图 3-49 雨淋阀正常运行时剖面图

发生火灾时，膜室通过就地排水阀、远方控制电磁阀或气水平衡装置排水泄压，管道中水压将失去压力的雨淋阀门栓冲开，进行喷水灭火，图 3-50 为雨淋阀动作时剖面图。

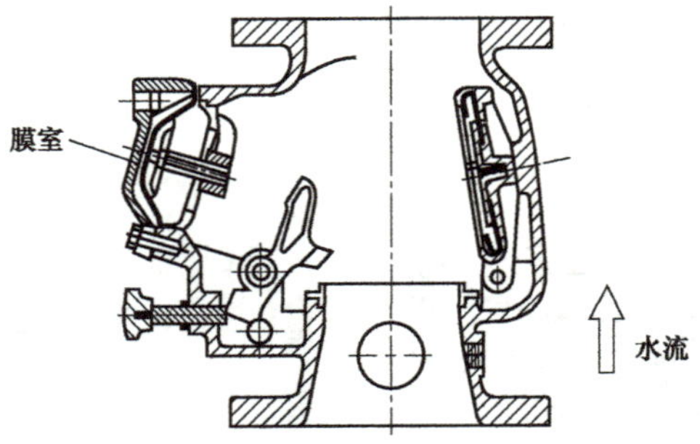

图 3-50　雨淋阀动作时剖面图

着火设备被扑灭，消防泵停运后，雨淋阀挡板没有水流冲力，自然下落，搁在门栓上，通过雨淋阀复归按钮进行手动复位，通过膜室充水阀给膜室建压，重新通过门栓压住雨淋阀进水挡板，图 3-51 为雨淋阀动作后剖面图，雨淋阀恢复正常运行。

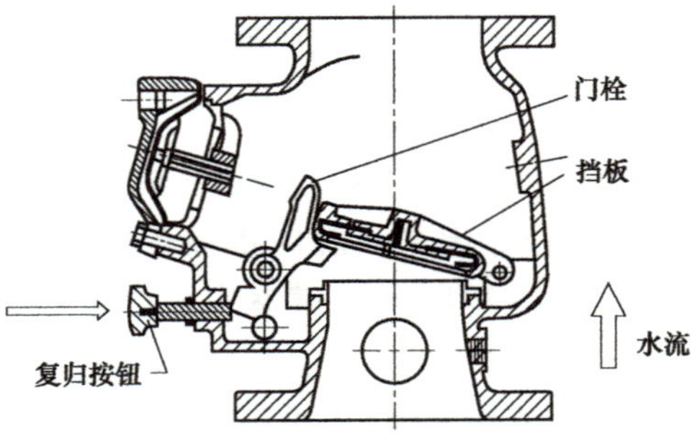

图 3-51　雨淋阀动作后剖面图

3.3.9.3　泡沫消防系统

变压器泡沫消防系统由立式多级离心泵、压力式空气泡沫比例混合灭火装置、泡沫消防栓、消防枪、消防水泵结合器、泡沫钩管、消防水带、管网和消防控制柜等组成，安装在换流站油库外侧，用于变压器油罐消防。

通过立式多级离心泵对管网的水加压（离心泵不能投入使用时也可用消防车通过消防水泵结合器供水），送到压力式空气泡沫比例混合灭火装置，产生泡沫混合液，再送到泡沫消防栓。连接消防水带、消防枪（或钩管），打开泡沫消防栓阀门，即可对着火油罐进行喷沫灭火。

压力式空气泡沫比例混合灭火装置内部压力应在 0.5～1.0MPa 范围内，当压力大于 1.2MPa 时，安全阀将动作泄压，主要设备如表 3-13 所示。

表 3-13　　泡沫消防系统的主要设备

序号	设备名称	型号	单位	数量	安装使用位置
1	压力储罐式泡沫比例混合器	PMG-30/32	台	1	设备间

续表

序号	设备名称	型号	单位	数量	安装使用位置
2	泡沫枪	PQD8	支	4	设备间消火箱内
3	泡沫钩管产生器	PG16	支	2	设备间
4	直流水枪	Q219	支	4	设备间消火箱内
5	泡沫管栓水带箱	MPQ－65/2－1	套	4	设备间
6	水带、接口	DN65 20 m	副	8	设备间消火箱内
7	泡沫消火栓	MPS－100－65×2	台	4	室外油罐旁
8	室外消火栓	SS－100－1.6	台	3	室外油罐旁
9	水泵接合器	SQU－100－1.6	台	2	设备间外
10	氟蛋白泡沫灭火剂	YEF6	t	3	储罐内
11	闸阀	Z45T－16　DN125	台	1	设备间阀门井内
12	单向止回阀	H77X－10　DN125	台	1	设备间阀门井内
13	法兰蝶阀	D71X－16　DN150	台	2	设备间
14	过滤器	Y－150－1.6	台	1	设备间
15	热镀锌钢管	DN150、DN125、DN100	m	320	室外设备管道连接

4　电化学储能电站消防

储能电站与常规变电站最大的不同是具有数十乃至数百兆瓦时的电能存储能力。由于电能规模化存储，客观上储能电站存在着能量释放失控的风险，可能造成起火爆炸等问题，危及人身安全、电网安全和设备安全。在储能工程的建设中，消防安全是重中之重，是储能系统安全运行的保障。

本章分析储能电站的存在的危险隐患，详细介绍储能电站的防火规范和安全管控策略，重点介绍储能电站火灾预警技术和灭火技术。

4.1　电化学储能电站简介

4.1.1　电化学储能电站简介

电化学储能电站如图 4–1 所示，是采用电池作为储能元件，进行电能存储、转换及释放的电站。按照储存介质，储能技术可以分为机械类储能、电气类储能、热储能、电化学储能等。储能作为推动主体能源由化石能源向可再生能源更替的关键支撑技术，广泛应用于电力系统发、输、配、用等各环节，按应用场合可分为电网侧储能、电源侧储能和用户侧储能，储能电站的应用如图 4–2 所示。

图 4–1　电化学储能电站

目前电化学储能技术是各国储能产业研发和创新的重点领域，主要储能载体包括锂离子电池、铅酸电池、液流电池、钠硫电池等。电化学储能电站由储能电池系统（含电池管理系统）、储能变流器、本地监控系统和其他辅助设备组成，其中辅助设备包括开关柜、消防、温控、照明、并网电压电流采集单元、通信单元、安防系统等。

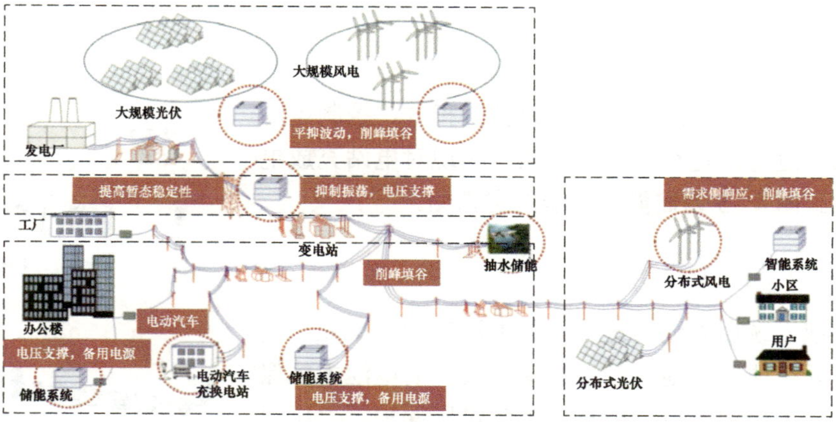

图 4-2 储能电站的应用

4.1.2 储能电站主要设备

4.1.2.1 储能电池预制舱

储能电池预制舱由预制舱体、电池架、二次设备屏柜（或机架）、舱体辅助设施等组成，在工厂内完成制作、组装、配线、调试等工作，并作为一个整体运输至工程现场，安装于水泥基础上。典型的储能电池预制舱排布方案如图 4-3 和图 4-4 所示。

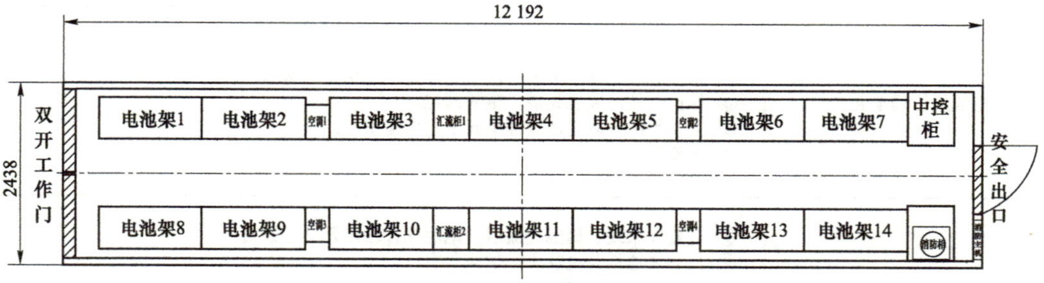

图 4-3 储能电池舱平面布置图

图 4-4 储能电池舱三维模型图

4.1.2.2 储能变流器

储能变流器可通过通信接收后台控制指令，控制电池的充电和放电过程，进行交直流转换，实现对电站充放电过程的调节。图 4-5 为储能变流器的实物图。

图 4-5 储能变流器

4.1.2.3 电池管理系统

电池管理系统由电池管理单元、电池簇管理单元、电池堆管理单元组成。电池管理系统用于实现的电池本体保护，可全面监测电池的运行状态，具备过压保护、欠压保护、过流保护、过温保护和直流绝缘监测等功能。各层级的功能如表 4-1 所示。

表 4-1 电池管理系统架构功能表

层级	功　能
电池管理单元	① 与电池簇管理单元交互数据； ② 数据采集：电压、温度、均衡电流； ③ 主动均衡：执行电池簇管理单元均衡指令； ④ 参数配置； ⑤ 告警保护、事件记录
电池簇管理单元	① 与电池管理单元、电池堆管理单元交互数据； ② 状态监测：获取电池管理单元数据，判定系统状态； ③ 保护功能：高优先级，事件判定； ④ 主动均衡：向电池管理单元下发均衡指令； ⑤ 告警保护、事件记录
电池堆管理单元	① 与监控系统、储能变流器、电池簇管理单元交互数据； ② 计算电池堆荷电状态、健康状态； ③ 电池堆自主标定； ④ 主断路器分合闸控制； ⑤ 告警保护、状态指示、事件记录； ⑥ 功率调度

4.2 储能电站消防规范

4.2.1 储能电站施工、设计标准

根据国家能源局公示的《2019 年能源领域拟立项行业标准计划项目汇总表》，共有 28 项储能电站施工、设计标准，标准涉及消防安全设计及日常管理等方面。表 4-2 列出了储能电站相关的施工、设计标准。

表 4-2　　储能电站施工、设计标准

标准编号	标准名称	发布部门
GB 50016—2014	建筑设计防火规范	中华人民共和国国家质量监督检验检疫总局、中国国家标准化管理委员会
GB 50058—2014	爆炸危险环境电力装置设计规范	中华人民共和国国家质量监督检验检疫总局、中国国家标准化管理委员会
GB 51048—2014	电化学储能电站设计规范	中华人民共和国国家质量监督检验检疫总局、中国国家标准化管理委员会
GB 23864—2009	防火封堵材料	中华人民共和国国家质量监督检验检疫总局、中国国家标准化管理委员会
GB 28374—2012	电缆防火涂料	中华人民共和国国家质量监督检验检疫总局、中国国家标准化管理委员会
GB 29415—2013	耐火电缆槽盒	中华人民共和国国家质量监督检验检疫总局、中国国家标准化管理委员会
GB/T 36276—2018	电力储能用锂离子电池	国家市场监督管理总局、中国国家标准化管理委员会
GB/T 36547—2018	电化学储能系统接入电网技术规定	中华人民共和国国家质量监督检验检疫总局、中国国家标准化管理委员会
GB/T 36548—2018	电化学储能系统接入电网测试规范	中华人民共和国国家质量监督检验检疫总局、中国国家标准化管理委员会
GB/T 36558—2018	电力系统电化学储能系统通用技术条件	中华人民共和国国家质量监督检验检疫总局、中国国家标准化管理委员会
DL 5027—2015	电力设备典型消防规程	国家能源局
NB/T 33014—2014	电化学储能系统接入配电网运行控制规范	国家能源局
NB/T33015—2014	电化学储能系统接入配电网技术规定	国家能源局
NB/T 33016—2014	电化学储能系统接入配电网测试规程	国家能源局
NB/T 31016—2011	电池储能功率控制系统技术条件	国家能源局
Q/GDW 11265—2014	电池储能电站设计技术规程	国家电网公司
Q/GDW 10769—2017	电化学储能电站技术导则	国家电网公司
DLGJ 154—2000	电缆防火措施设计和施工验收标准	中国电力规划设计协会
GJBT 972—2006	电缆防火阻燃设计与施工	中华人民共和国建设部

4.2.2 储能电站建（构）筑物火灾危险性分类规定

储能电站内各建（构）筑物和设备的火灾危险分类及其最低耐火等级应符合表 4-3 的规定，储能电站内建（构）筑物的最小间距应符合表 4-4 的规定。

表 4-3　　建（构）筑物的火灾危险性分类及其耐火等级

建（构）筑物名称		火灾危险性分类	耐火等级
电池室	铅酸电池、锂离子电池、液流电池	戊	二级
	钠硫电池	甲	一级
屋外电池设备	铅酸电池、锂离子电池、液流电池	戊	二级
	钠硫电池	甲	一级

续表

建（构）筑物名称		火灾危险性分类	耐火等级
楼电装置楼（室）	单台设备油量 60kg 以上	丙	二级
	单台设备油量 60kg 及以下	丁	二级
	无含油电力设备	戊	二级
屋外配电装置	单台设备油量 60kg 以上	丙	二级
	单台设备油量 60kg 及以下	丁	二级
	无含油电力设备	戊	二级
油浸变压器室		丙	一级
气体或干式变压器室		丁	二级
主控通信楼		戊	二级
继电器室		戊	二级
总事故储油池		丙	一级
生活、消防水泵房		戊	二级
雨淋阀室、泡沫设备室		戊	二级
污水、雨水泵房		戊	二级

注 1. 当不同性质的部分布置在一幢建筑物或联合建筑物时，则其建筑物的火灾危险性分类及其耐火等级除另有防火隔离措施外，应按火灾危险性类别高者选用。

2. 主控通信楼当未采取防止电缆着火后延燃的措施时，火灾危险性应为丙类。

表 4-4　　储能电站内建（构）筑物的最小间距　　单位：m

建（构）筑物名称			丙、丁、戊类生产建筑		生活建筑	
			耐火等级		耐火等级	
			一、二级	三级	一、二级	三级
丙、丁、戊类生产建筑	耐火等级	一、二级	10	12	10	12
		三级	12	14	12	14
生活建筑	耐火等级	一、二级	10	12	6	7
		三级	12	14	7	8

注 1. 建、构筑物防火间距应按相邻两建（构）筑物外墙的最近距离计算，如外墙有凸出的燃烧构件时，则应从其凸出部分外缘算起。

2. 相邻两座建筑两面的外墙为非燃烧体且无门窗洞口、无外露的燃烧屋檐，其防火间距可按本表减少 25%。

3. 相邻两座建筑较高一面的外墙如为防火墙时，其防火间距不限，但两座建筑物门窗之间的净距不应小于 5m。

4. 其他建（构）筑物及屋外配电装置的防火间距应符合 GB 50029—2019《火力发电厂与变电站设计防火规范》中变电站的有关规定。

储能电站及其设备还应符合如下规定：

（1）电池预制舱内应设置细水雾、气体等固定自动灭火系统。

（2）预制舱式储能电站内电池预制舱与其他功能区域的火灾报警及其联动控制系统宜分开设置。

（3）电池预制舱外应设置手动火灾报警按钮，舱内应设置可燃气体探测器、感温探测器和感烟探测器，每种探测器不应小于 2 个。探测器应安装在预制舱中间走道顶部，间距不大于 4m。

（4）预制舱、电池架、隔板等线缆开孔部位应采用防火堵料封堵严密。电缆防火封堵应符合 DL/T 5707—2014《电力工程电缆防火封堵施工工艺导则》的规定。

（5）预制舱式储能电站室外消火栓系统设计，应符合下列要求：

1）消防栓宜在场地内路边均匀布置，间距不应大于 60m，检修阀之间的消火栓数量不应大于 5 个；

2）消火栓设置数量应符合灭火救援要求，同时使用消防水枪数量不应少于 4 支，消火栓用水量不应小于 20L/s；

3）地上式消火栓应有 1 个 DN150 或 DN100 和 2 个 DN65 的栓口，地下式消火栓应有 DN100 和 DN65 的栓口各 1 个；

（6）电池预制舱应单层布置。电池预制舱之间的防火间距，长边端不应小于 3m，段边端不应小于 4m；当采用防火墙时，防火间距不限。防火墙长度、高度应超出预制舱外廓各 1m。

（7）预制舱式储能电站应设置围墙。围墙与电池预制舱的间距不宜小于 5m；当小于 5m 时，应采用实体围墙，高度不低于电池预制舱外廓。

4.2.3 储能电站电缆及电缆敷设规定

根据电缆的相关标准，储能电站内的电缆及电缆敷设应符合如下规定：

（1）电缆的选择与敷设，应符合 GB 50217—2018《电力工程电缆设计规范》的规定。

（2）液流电池的电池分系统的电缆进、出线宜由上端引出，宜采用电缆桥架敷设。

（3）消防及保护控制用蓄电池直流电源等重要回路电缆宜采用符合 GB/T 19666—2019《阻燃和耐火电线电缆通则》中 B 类以上阻燃电缆，并实施耐火防护。

（4）蓄电池室应使用防爆型照明和防爆型排风机，开关、熔断器、插座等应装在蓄电池室等外面。蓄电池室等等照明线应采用耐酸导线，并用暗线敷设。检修用行灯应采用 12V 防爆灯，其电缆应用绝缘良好的胶质软线。

（5）凡是进出蓄电池室的电缆、电线，在穿墙处应用耐酸瓷管或聚氯乙烯硬管穿线，并在其进出口端用耐酸材料将管口封堵。

（6）电化学储能电站的电缆井、管道井、通风井等竖向井道应分别独立布置，其井壁应为耐火极限不低于 1h 的不燃烧体，井壁上的检查门采用丙级防火门。电缆井、管道井应在每层楼板处用防火封堵材料封堵。

4.2.4 储能电站消防照明和疏散指示规定

储能电站内的消防应符合如下规定：

（1）电化学储能电站内建筑物满足耐火等级不低于二级，体积不超过 3000m^3，且火灾危险性为戊类时，可不设消防给水。否则应设置消防给水系统，消防水源应有可靠保证。

（2）电化学储能电站消防给水量应按火灾最大一次室内和室外消防用水量之和计算。消防水池有效容量应满足最大一次用水量火灾时由消防水池供水部分的容量。

（3）电化学储能电站建筑物灭火器配置应符合 GB 50140—2019《建筑灭火器配置设计

规范》的有关规定。电池室危险等级均为严重危险级，火灾种类按一下原则划分：钠硫电池及锂电池为E（D）类火灾；全钒液流电池为E类火灾。

（4）钠硫电池及锂电池电池室应配置砂池，单个砂池容量不应小于 $1m^3$，最大保护距离为30m。

（5）建筑面积超过 $250m^2$ 的电化学储能电池室、控制室、通信机房、配电装置室、电缆夹层，其疏散出口不宜少于两个。

（6）电化学储能电池室疏散门的最小净宽不应小于0.9m。

（7）电化学储能电池室、电缆夹层、继电器室、通信机房、配电装置室的门应向疏散方向开启；当门外为公共走道或其他房间时，除钠硫电池室、锂离子电池室门应采用甲级防火门外，其余设备房的门应采用乙级防火门。

4.2.5 储能舱安全管控策略

相对于站房式建筑，储能舱结构相对紧凑，占地面积较小，能够适应储能系统多样化的应用场景。储能舱可实现“工厂化预制，模块化建设”，缩短建设周期，各舱体之间相对独立，一旦发生火灾事故，可将影响控制在有限范围内。

储能舱系统一体化安全管控策略包括以下五个内容：

（1）热失控管理。越早发现越好，在初期可采用物理降温方式，控制燃爆。

（2）电气管理。采用人工智能算法，进行电池荷电状态、健康状态、功率状态估算和状态估计及优化。

（3）热管理。将冷却介质和灭火器深入到模组内部，强化冷却效果。

（4）阻燃隔热防护。

（5）舱体复合材料包覆，减少相互影响。

此外，在储能舱内设置感温、感烟探测器和火灾自动报警系统，在二次设备室集中报警，储能舱火灾报警系统包括以下五个内容：

（1）火灾自动报警系统纳入智能监测及辅助控制系统关联应用。

（2）站区火灾探测报警控制装置为Ⅱ类供电负荷，实施双路电源供电，电源取自不间断电源。火灾报警控制主机带专用直流备用电源。火灾报警控制器采用双回路供电，并具备末端切换功能。

（3）站内设置专用消防报警电话，报警区域内每个防火分区至少设置一个手动火灾报警按钮。

（4）为确保火灾报警系统与视频监控系统的联动性，火灾报警系统应具有将其硬接点报警信息上传和通信端口，方便图像监视的联动性。变电站照明配电箱、动力配电箱进线空气断路器要求配有远程分励脱扣单元、进线开关与区域火灾报警控制器实现联动；当相应区域发生火灾时要求分励脱扣单元在得到信号后立即脱扣。火灾联动控制包括各房间空调、照明及风机的联动控制。当发生火灾时，切除非消防电源，防止带电火灾事故的发生。

（5）火灾自动报警装置信号经变电站总控单元上传至监控中心站。储能站消防集中控制中心与城市远程消防监控系统联网。变电站消防供电、火灾应急照明和疏散标志应符合GB 50229—2019《火力发电厂与变电站设计防火规范》相关规定。火灾自动报警系统宜采用 DL/T 860 系列标准工程化实施技术规范或 IEC 61850 国际标准通信协议的通信标准与站控层通信，实现对采暖、通风系统的闭锁，图像监视及安全警卫系统的联动。

4.3 储能电池的特点及热失控特性

储能电池除正常充放电的电化学反应外，存在的一些副反应大多会产热，当产热速率高于散热速率时，电池温度升高，产生更多的热和气体产物，电池进入无法控制的自加温状态，发生燃烧甚至爆炸，称为热失控。热失控是引起储能电站火灾的主要原因。储能电池在使用中往往是数万只甚至上百万只串并联组成一个系统，一只电池过热可能引发系统性热失控，导致严重的后果。

4.3.1 锂离子电池

锂离子电池一般采用碳材料作为负极，金属化合物物作为正极，有机溶剂–锂酸盐体系作为电解质。放电时，负极生成锂离子和电子，电子经外部电路流动，而锂离子经电解质到达正极并接收电子。整个过程如图 4–6 所示。

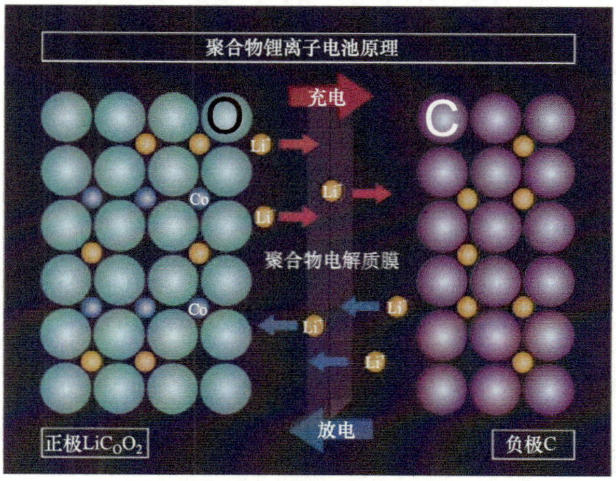

图 4–6 锂离子电池工作原理

锂离子电池在外部受热、机械刺穿或剧烈碰撞时，内部析晶短路，电池会发生剧烈的放热反应，大量热量若不能及时散发，电池内部热量积聚，温度升高会使反应加剧，发生不受控制的热失控反应，导致电池鼓胀、变形甚至爆炸，且有可能形成连锁反应，从一个电池或局部电池的热失控反应扩展蔓延至相邻电池。

锂离子电池发生燃烧、爆炸的剧烈程度与电池的荷电状态、副反应的进行速度和发生程度、热传递速度、外界环境温度等密切相关，并非所有进入热失控状态的电池都会发生爆炸，但热失控是电池起火的标志性节点，其根本原因是电池体系散热速率与产热速率的不平衡。锂离子电池正常的充放电反应原理如图 4–7 所示，电极表面的 SEI 膜将电极与电解液隔离开，保证了电池反应的可控进行。温度过高时，固体电解质界面膜（Solid Electrolyte

Interface，SEI）膜分解，电解液与裸露的电极直接接触，剧烈反应并大量产热，甚至产气，进一步促进 SEI 膜分解和反应进行。

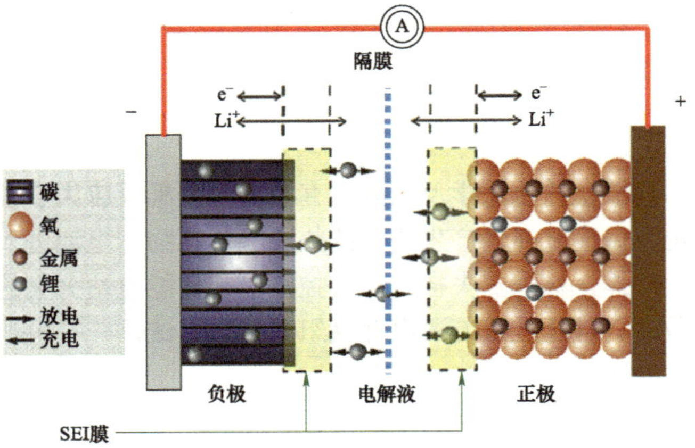

图 4-7　锂离子电池常规电化学反应

随着反应持续进行和电池内部温度升高，电池内部的隔膜将会发生闭孔并熔化，失去分隔正负极功能，使得三者相互接触造成电池内部短路，多个放热产气的副反应接连发生，如图 4-8 所示。如果这一趋势无法得到有效遏制，电池将陷入热失控，最终起火甚至爆炸。

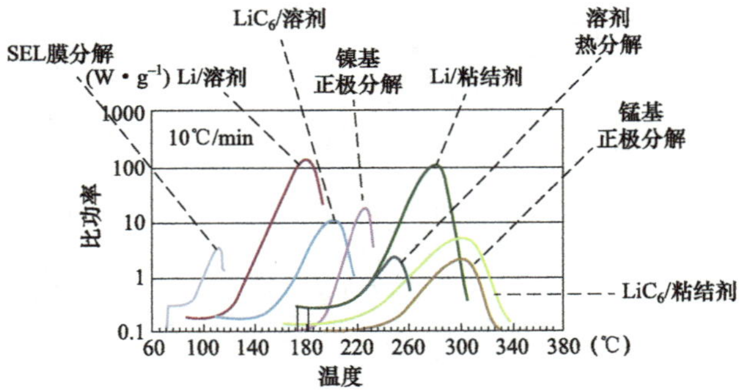

图 4-8　锂离子电池副反应与温度的对应关系

详细来看，锂电池热失控机理主要包括以下几个部分：

（1）内阻增大。在电池内部化学反应产热开始之前，会发生一个高温容量衰减的过程。对于高温状态下锂离子电池容量衰减的一个广泛的认识是，高温条件下副反应加剧造成了容量损失，同时正负极的内阻都会增大，而负极内阻增大得更为明显。

（2）产热。当温度进一步升高，锂离子电池内部化学反应将开始产热。首先发生的放热反应是 SEI 膜的分解，一般认为该反应发生在 80～120 ℃。在电池温度接近 90 ℃时，SEI 膜分解反应放热变得明显，能够被量热仪器检测到。

（3）SEI 膜分解与重生。由于负极表面的 SEI 膜发生分解，负极活性物质失去保护，负极内部嵌入的锂金属将与电解液发生反应。负极与电解液的反应会重新生成一些稀疏的 SEI 膜，这一反应又可以称之为 SEI 膜重生反应。

（4）隔膜闭孔与融化。负极与电解液的反应继续进行，使得锂离子电池温度继续升高。当温度达到隔膜的熔点时，隔膜会发生熔化并出现热收缩，产生闭孔效应。隔膜熔化是一个吸热过程，所以电池的温升速率将会变慢，甚至暂时为负。隔膜熔化闭孔后，典型的现象是内阻的显著增大，内阻显著增大形成了关断效应，有助于阻断大电流滥用（过充电、短路）情形造成的危害。但是，在异常加热的情况下，电池内部无电流通过，隔膜关断效应对于热失控过程的阻断效果有限。温度进一步升高，隔膜闭孔完成后会收缩，隔膜收缩可能会造成局部正负极接触并发生短路，短路将放出大量的热，推动了隔膜的解体。

（5）短路和产热。隔膜解体之后发生电池内短路，放出大量的热量，使得电池温度迅速从 120 ℃提高至 300 ℃甚至更高，此时各种化学反应混合在一起同时发生，电池迅速达到热失控。按照各组分的反应温度从低到高，依次是正极分解反应、电解液分解反应和黏接剂反应。

（6）产气。电解液分解反应会产生大量的气体，电池内部压力急剧升高，电池体积膨胀。一旦电池内部压力超过安全阀开启压力，安全阀将打开，电池进入喷射过程。高压气体迅速喷出，未完全氧化的 CO 喷出后接触 O_2 生成 CO_2。高速喷出的气体可能会带出一些电池内部的活性物质，同时高速气流对电池也有冷却作用。

（7）集流体融化。混合反应放热结束后，电池内部温度可能达到 500℃或更高。当温度高于正极集流体铝箔的熔点 660℃时，铝箔会熔化解体，并随高速喷出气流一起喷出电池。

（8）燃烧。锂离子电池热失控过程中产生了大量的气体，其中具有可燃的成分，是十分危险的。喷射开始时，喷出物中有很多未完全反应的物质如 CO 和 H_2，喷出的物质不一定都是气体，半蒸发状态的液滴也包含其中。以气化的电解液以及电解液分解产物为主的喷出气体在满足燃烧条件之后就会发生剧烈燃烧。

引发锂离子电池热失控的原因很多，主要是以下三点：

（1）根本原因是反应放热形成正反馈。从电池工况来看，电池自身的材料因素（如材料中含金属杂质、隔膜表面带电粉尘等）、工艺因素（如正负极错位、极片毛刺、电解液分布不均等）和使用过程中的过充过放、高倍率充放电、振动、跌落、挤压等，均有可能造成内部反应失控。

（2）从电池内部因素来看，电解液的热稳定性对电池热失控过程影响巨大。反应产热主要来源于电解液，但是电解液的热稳定性是复杂多变的。一般来讲，锂盐组成的电解液热危险性比未加锂盐的混合有机溶剂更大；当电极材料与电解液共存时，其共存体系的热稳定性与两者的成分组成、质量配比、电极比表面积有关。随着电极比例的减小，反应产热平均值出现下降趋势；而比表面积越大的体系反应速率越快。因此可以通过控制电极材料与电解液的质量比以及电极的比表面积来提高电解液体系的热稳定性，从而控制电池热失控过程。

（3）从电池外部因素来看，不同的诱因造成的热失控起始温度不同。加热诱发的热失控，随着电池荷电状态 SOC 增加热失控发生的起始温度减小；过充诱发的热失控过程主要受充电倍率影响，倍率越大热失控越易发生，与外界初始环境温度关系较小。

根据化学体系划分，锂离子电池有很多类型，燃烧特性各有不同，本书对常见的几种进行介绍。

4.3.1.1 三元锂电池

三元锂电池是指正极材料使用镍钴锰酸锂（$Li(NiCoMn)O_2$）或者镍钴铝酸锂的三元

正极材料的锂电池。三元材料的压实密度低，制作工艺复杂，但具有较高的能量密度和优异的低温性能。三元锂电池存在的火灾危险性相对较高。

（1）材料高度易燃。三元锂电池的黏结剂、导电剂、电极活性物质等燃点较低，操作不当时容易引燃，发生热失控后热解气体的爆炸极限范围比常见烃类气体更大，危险性较高，而且单节锂离子电池热失控的气体释放量容易达到爆炸下限，可能引发剧烈燃烧爆炸。

（2）起火速度快。三元锂电池热失控后总热释放量高，火焰温度高，火势迅猛，当电池组受热后电池单体形成的火焰从正极喷射，其释放出的热量可引发周围的电池失控，短时间内整个电池模组中的电池接连失控，喷出的气体遇高温开始燃烧，致使火灾发生后迅速进入猛烈燃烧阶段。

（3）热分解产物毒害性强。三元锂电池电解液一般采用碳酸二乙酯、碳酸丙烯酯、乙醚，碳酸乙烯酯等有机溶剂。这些电解液溶剂都是沸点很低的可燃液体，高温下极易挥发生成多种高温有毒有害气体。实验发现，三元材料锂离子电池隔膜热分解时 CO 的产率为磷酸铁锂电池的 9 倍左右，除此之外，三元锂电池 NO_2、SO_2 释放量均比常见的磷酸铁锂电池和钴酸锂离子电池更高。这些可燃溶剂的气态挥发物及燃烧产物具有明显的腐蚀性，损伤人体呼吸道。

（4）灭火困难。三元锂电池发生热失控时常伴有大量白烟，起火现场能见度低，温度高，常规灭火器只能抑制电池表面火焰蔓延，无法阻止内部化学反应的进行。三元锂电池发生燃烧爆炸后产生的热量会很快使相邻电池发生热失控和连环燃烧爆炸，致使火势发展不受控制。

4.3.1.2 磷酸铁锂电池

磷酸铁锂电池，是指用磷酸铁锂作为正极材料的锂离子电池。磷酸铁锂具有规则的橄榄石结构，稳定性较好，其放热副反应数目相对较少，安全性较高，具有很高的利用价值。

磷酸铁锂电池的热失控过程与其他锂离子电池基本一致。发生热失控时，电池内部发生复杂的物理化学变化，释放出可燃气体，可燃气体在电池内部积累，使电池外壳膨胀；当电池内部达到一定压力后，电池安全阀打开，释放出可燃气体及电解液雾滴，气体遇明火或高温物质被引燃，形成喷射火，喷射火结束后，电池稳定燃烧一段时间，之后可能会经历第二次、第三次喷射火及稳定燃烧的过程，最后待电池内部热反应完毕火焰减弱直至熄灭。

磷酸铁锂电池在过充电后，主要反应形式为持续释放大量的可燃烟雾，持续时间长，释放的烟雾将对人员疏散逃生会带来巨大的影响。

4.3.1.3 钛酸锂电池

尖晶石型钛酸锂作为目前安全性最高的负极材料，能够适应较宽的温度范围。在充放电循环过程中能保持零应变性，使锂离子在嵌入和脱出的过程中其材料本身的晶格常数和体积变化很小，大大提高了电极的循环次数。同时钛酸锂的对锂电势比碳材料高，不易产生枝晶，大大提高了电池安全性。

4.3.2 铅酸电池

铅酸电池是一种电极主要由铅及其氧化物制成，电解液是硫酸溶液的蓄电池，由于正负极材料是铅或铅的化合物，电解液是硫酸溶液，三者都不易燃，故安全性相对较高。但出于安全考虑，使用过程中不能忽视充电设备的自动调控功能、交流电的影响、调压装置失控、电池局部短路、蓄电池室布局不当等的影响。在极端工况下铅酸电池也可能发生燃烧。

铅酸蓄电池在充电后期，正极析出的氧气会扩散到负极与海绵状铅化合生成水，构成如图 4-9 所示的闭合氧循环。在此过程中，输入的电能只有一部分作为有用功转化为化学能，使蓄电池正、负极处于充电状态；另一部分则直接或间接地转化为热能，使电池温度升高。充电过程中电池温度随时间的变化而变化，当电池与环境间热交换状况不好时，电池温度将可能迅速上升，产生热失控。

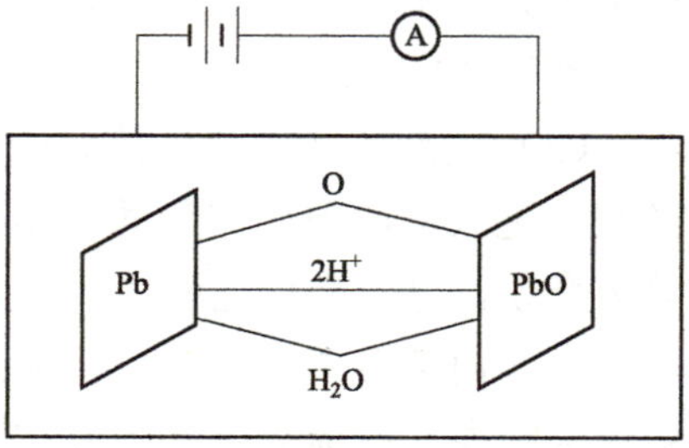

图 4-9 闭合氧循环原理示意图

铅酸电池热失控的原因主要有以下几点：

（1）环境温度。铅酸蓄电池在充电期间电解液水解，易发生干涸或热失控，损害蓄电池性能。有研究表明，蓄电池在不低于 60℃的高温长期使用时，热失控极易发生。当蓄电池在不低于 70℃的高温使用时，热失控将在短期使用时发生。

（2）注酸量。铅酸电池采用贫液结构，酸量往往是蓄电池容量和寿命的控制因素。酸量偏多，密封反应效率低，影响电池的充电接受能力，电池容量下降很快；酸量偏少，密封反应效率高，充电接受能力好，电池内温度上升快，易出现热失控。

（3）浮充电压。铅酸蓄电池热容小，内部散热困难，如果蓄电池在运行过程中产生的热量长期得不到有效控制，势必出现热量不断积累，以至无法控制。高温条件加上过高的浮充电压是阀控密封铅酸蓄电池在浮充过程中快速发生热失控的充分条件，如浮充电压足够高，阀控密封铅酸蓄电池甚至会在很短的时间内发生热失控。

4.4 储能电站火灾预警技术

电化学储能电站的防火重点是对电池进行安全管理，对电池可能出现的故障进行报警和应急处理；对电池的运行进行安全和优化控制，保证电池安全、可靠、稳定运行。

4.4.1 电池消防对策分析

储能电池密闭空间内存储的巨大能量始终有释放的倾向，因此在整个电池的生命周期内都应考虑合理的防火灭火措施。引起火灾的三要素是热量、可燃物和氧气，三要素中缺少任一个，火灾即不会发生；火灾发生后，从三要素中排除一个，火灾即不可持续。从储能电池的实际情况来看，电池内部电化学反应多以放热为主，而电极或电解质含有可燃物质，另外，尽管单体电池采取密封措施，但部分电池副反应会产生氧气，且电池包本身就放置于空气中，故火灾三要素均无法彻底避免。

按三要素分析，储能电池火灾发生需经历以下阶段：

（1）由于设计不合理或制造工艺不完善，造成电池内留缺陷、外部撞击或其他原因造成的机械损坏，或在使用阶段充放电过量或过快，进而导致电池内部短路、温度和压力持续升高。当产热速率高于散热速率时，电池内部形成正反馈，进入无法控制的自加温状态，直至引发热失控。

（2）由于电池包内部以单元为单位进行分隔，陷入热失控的单元释放的大量能量会对周边单元产生持续加热的效果，形成热失控扩散，当扩散导致的温度达到一定值时，可能发生连锁燃烧或爆炸。

（3）电池单元的热失控和压力升高可能导致电池壳体破裂、内部电解液泄漏，此时外部空气进入电池内部作为助燃物，对于锂离子电池来说，还可能引燃电池隔膜或者锂金属等可燃物，进一步促进燃烧。

电池内部链式的热失控反应，产生的热量和气体一再积累，会诱发电池发生多次强烈射流火喷发。射流火多次喷发意味着即使及时灭火，灭火后也很可能会发生复燃现象，加大了灭火难度。火焰产生 1000℃上的高温，对火灾场景下的电池储能系统、外界相关动力体系及设备、操作人员、消防灭火人员等造成极大危害。

热释放速率及产热随着电池荷电状态的降低会减少，但火焰尺寸、温度不会表现出与荷电状态明显的线性相关关系。即便在全放电状态，单个 50Ah 电池的火焰温度仍高达 1000℃以上，火焰尺寸远大于电池在实际应用中与其他电池之间的距离，提高了单个电池引燃周围电池的可能性，使火势易于扩大化。

电池内部温度一旦超过热失控临界温度，电池就容易发生火灾事故。普通的消防降温只是把环境温度降低，电池内部反应的产热使得温度不易下降，普通的液体灭火剂可能会增大电池短路的可能性，进一步缩短电池达到热失控温度所需的时间。

电池在射流火喷发前并无明显的烟气释放，因此需要对电池火灾进行温度方面的监测，从临界温度、临界温升速率两方面考虑，合理选择不影响电池体系工作的危险温度。

电池火灾释放出大量气体，如 CO、CO_2、NO、HF、HCl 以及 SO_2 等气体，其中很多都是毒性气体，对身体伤害很大。

电池的化学体系及物理组成方式多样，不同的电池、电池模组的火灾行为可能不同，因此有效进行消防控制需要对不同类型的电池及其模组采用不同的灭火方式。总体来看，对于电池火灾，有效的消防控制至少需具备以下要素：能有效控制复燃现象的发生；能够有效熄灭火焰，降低火焰温度；能够有效阻碍火焰扩散；能够有效降低电池温度以抑制电池内部热反应的进行；不易造成电池短路；能够有效监控危险状态并报警；能够有效控制烟气伤害。

4.4.2 电池火灾风险管理

针对电池发生热失控的原因，可以在使用方面进行热管理，预防热失控发生。

（1）使用智能型充电设备。充电设备可自动检测每个电池温度或通过红外测温技术直接测量每只电池的温度。在电池出现热失控之前发出告警，自动切断充电电流。此外，对于铅酸电池，充电设备还应具有使浮充电压自动随电池温度变化而进行补偿的功能。

（2）电池舱室具有良好的通风条件。电池室需配置空调，保持电池工作在合理的环境温度下。电池通风系统应采用隔爆型机械通风，风机应有备用电源，通风系统不应内循环，不应与其他通风系统相连设置，应直接排向室外。

（3）全面合理的监控系统。安装气体、温度、压力传感器，超过临界阈值时中断供电。电池的热失控一般都有一定发展过程，通过舱内可燃气体浓度、电流形变等实时监测诊断电池的热异常和热失控风险程度。并及时采取措施，对避免火灾事故发生具有重要意义。

（4）定期检查和监测。定期的检查和监测便于及时发现问题，采取相应有效措施。

下面介绍两种投入工程应用的储能电站火灾防控设备。

4.4.2.1 储能电站智能巡检机器人

储能电站智能巡检机器人除了具备普通巡检机器人的功能外，还具有以下几种功能。

（1）视频巡检功能。搭载全高清近距对焦摄像机可以对电池舱内部设备进行图像识别及分析，如图 4-10（a）所示，对异常情况进行即时告警。

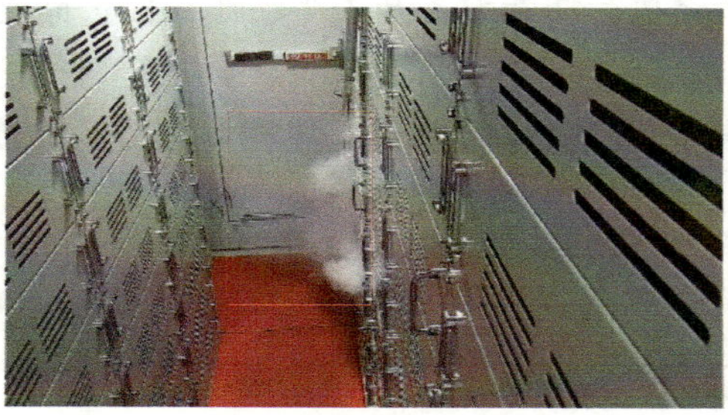

(a)

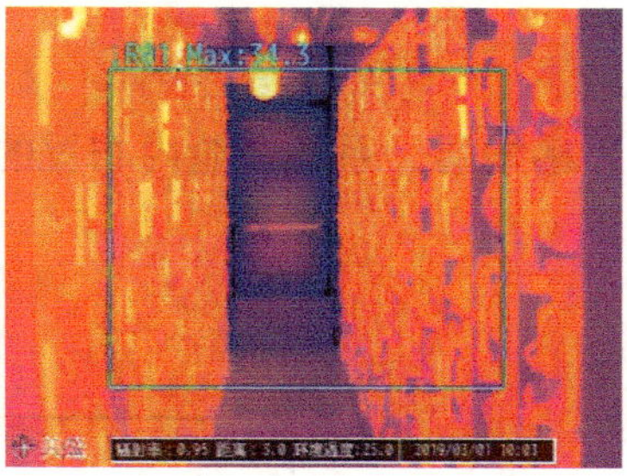

(b)

(c)

图 4-10 智能巡检机器人功能

（a）视频监控；（b）红外检测；（c）烟雾检测

（2）热成像诊断功能。采用红外检测技术，监测电池组温升检测、设备异常发热检查及着火点定位功能，如图 4-10（b）所示。

（3）温湿度及烟感检测功能。搭载了温度传感器、湿度传感器、烟雾传感器，可以对电池舱内的环境进行实时检测和异常告警，如图 4-10（c）所示。

（4）数据报表分析处理功能。收集储能电站表计、温度、湿度等数值，生成报表进行分析处理。

4.4.2.2 储能电站火灾智能预警系统

储能电站火灾智能预警系统是基于电池舱内特征参量监测的储能电池安全运行保护装置，系统分为感知层、网络层和诊断层三层，并在站端配置监控服务器，可实现告警控制策略的远程配置。一旦监测发现火灾预警，就地切除电池电源，确保储能电站安全。目前，系统已经部署在江苏省镇江市八座电网侧储能电站，如图 4－11 所示。

图 4－11 储能电站火灾智能预警系统现场部署应用

感知层负责采集电池舱内各类传感器状态量，网络层负责监测信号可靠传输到后台，诊断层负责就地和远程的判断和控制。被控制设备位于设备层，当气体探测器的探测结果达到告警阈值后，就地控制根据控制策略执行切断设备开关等动作，保护储能电站安全运行。

（1）感知层。系统在舱内布置的感知设备包括气体传感器、集控单元等，如图 4－12 所示。

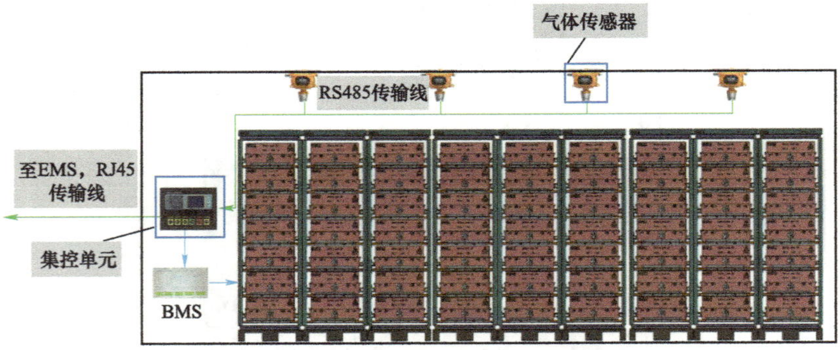

图 4－12 储能电站火灾智能预警系统传感器舱内布置图

1）气体传感器。气体传感器在舱顶均匀布置，同时监测 H_2、CO 等气体，在储能电池舱顶均匀布置，气体传感器外形如图 4－13 所示。

2）集控单元。集控单元汇聚气体监测数据，上送至整站监控系统，同时判断气体浓度达到控制阈值后，可实现就地切断电池组开关、簇接触器。集控单元外形如图 4－14 所示。

（2）网络层。储能电站火灾智能预警系统利用储能电站已有的通信方式，避免现场运行数据庞大、传输带宽不足造成诊断不准、预警滞后等问题。

（3）诊断层。在诊断层，系统的告警策略设置为：当任意两个可燃气体探测器检测的可燃气体浓度达到告警阈值时，由集控单元发送指令给电池管理系统，跳开舱级储能变流器的断路器、簇级继电器。

图 4-13 气体传感器外观

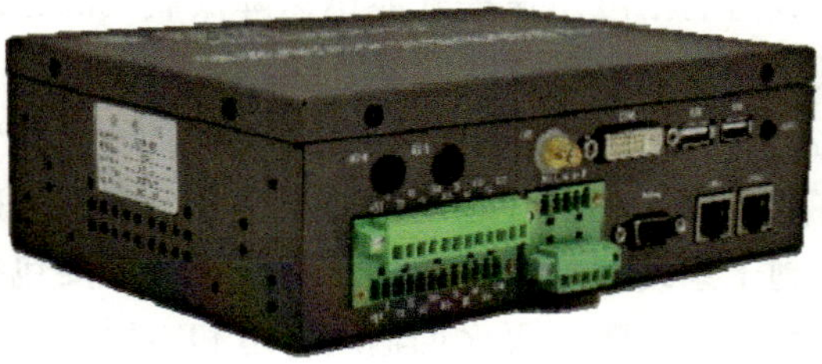

图 4-14 集控单元外观

4.5 储能电站火灾灭火技术

随着电池储能技术的研究与发展，电池储能电站的容量由小变大，电化学储能电池能量密度越来越高，随之而来的危险性也越来越高。储能电站的安全主要就是储能电池的安全，不仅要灭火，还要防止储能电池复燃、快速有效地控制火势，降低储能电站事故损失，减少人员伤害。

4.5.1 储能电站灭火剂的选择

当前主要使用的灭火剂分为气体灭火剂、泡沫灭火剂、水灭火剂和粉体灭火剂四大类。结合上述锂离子电池热失控特点，Q/GDW 10769—2017《电池储能电站技术导则》指出，锂离子电池电站发生火灾，应使用干粉灭火器、灭火毯或黄沙灭火，严禁使用水喷淋方式灭火。但有研究指出，锂电池火灾可由细水雾和二氧化碳灭火剂扑救。

（1）细水雾灭火剂。细水雾灭火剂具有高效冷却作用，由于细水雾的雾滴直径很小，普通细水雾系统雾粒直径为 10～100μm，在汽化的过程中，从燃烧物表面或火灾区域吸收大量的热量。细水雾喷入火场后，迅速蒸发形成蒸汽，体积急剧膨胀 1700～5800 倍，降低氧体积分数，在燃烧物周围形成一道屏障阻挡新鲜空气的吸入。随着水的迅速汽化，水蒸气含量将迅速增大，同时氧含量在火源周围空间减小到 16%～18%时，火焰将被窒息。颗粒大、冲量大的雾滴会冲击到燃烧物表面，从而使燃烧物得到浸湿，阻止固体挥发可燃气体的进一步产生，达到灭火和防止火灾蔓延的目的。另外，高压细水雾还具有洗涤烟雾、废气和稀释有毒有害液体的作用。

（2）七氟丙烷灭火剂。七氟丙烷灭火剂不导电、不击穿电子电力设备，具有无色、无味、热稳定性和化学稳定性良好等性质，是一种洁净气体灭火剂。在火灾后无固、液相残留物，灭火效能高，能以较低的灭火浓度可靠地扑灭电力火灾、固体表面火灾和液体火灾。

七氟丙烷主要适用于变电站封闭空间以及储能电站电池舱的火灾扑救。其灭火机理主要有：① 七氟丙烷灭火剂以接近液态的形式喷射到所保护的区域内，在喷头喷出时，液态迅速发生性状变化，由近于液体状态转变成气态，在气化时吸收大量热量，降低了保护区域内和火焰周围的温度；② 七氟丙烷分子量较大，在灭火时分子中的部分键断裂吸收热量，具有一定的抑制自由基等燃烧活性集团和降低温度的作用；③ 七氟丙烷气化过程迅速，在保护区域内的浓度迅速提升能迅速降低氧气的分压浓度，降低火焰的燃烧速度，进而逐步降低氧气浓度到可燃浓度以下。

七氟丙烷灭火系统的组成如图 4–15 所示，当一个建筑物中存在多个需要保护的区域时，可以将几个保护区组合起来，共同设立一套灭火剂储存装置，其组合分配系统由管网子系统和控制子系统两部分构成。管网子系统主要包括灭火剂容器、启动气体容器、选择阀、压力信号器、喷嘴、灭火剂输送管道和电磁启动装置等部分；控制子系统主要包括灭火控制器、火灾探测器、直流 24V 辅助联动电源和电气控制线路等部件。

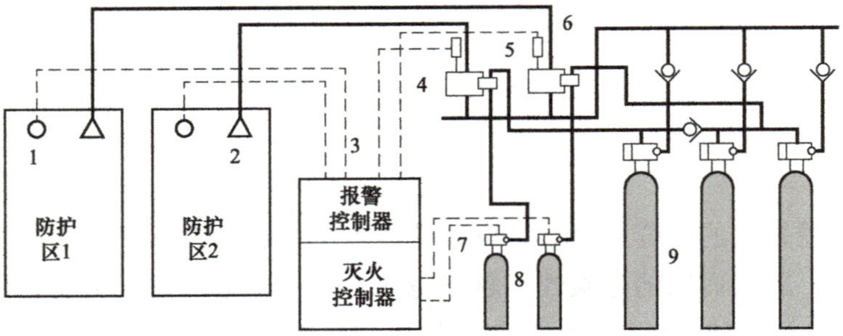

(a)

(b)

图 4–15　组合分配七氟丙烷气体灭火系统结构示意图

（a）七氟丙烷灭火系统；（b）七氟丙烷灭火系统实物图

1—火灾探测器；2—喷嘴；3—电气控制线路；4—选择阀；5—压力信号器；6—灭火剂输送管道；7—电磁启动装置；8—启动气体容器；9—灭火剂容器

（3）热气溶胶灭火剂。热气溶胶灭火剂主要灭火机理为冷却吸热，储能电站的电池舱内可以采用热气溶胶灭火装置扑灭电池起火，如图 4–16 所示，热气溶胶灭火剂安装在支架上，以合适的角度对准灭火对象。热气溶胶药剂以固态化合物存在，占用体积小且安装方便（只需安装支架），因此适用于电池舱狭小空间内的灭火。

（4）二氧化碳灭火剂。以二氧化碳、惰性气体为代表的气体灭火剂主要抑制机理为窒息，对于自身热失控能产生氧气的锂离子电池热失控而言，不能长期抑制锂离子电池热失控。

（5）泡沫灭火剂。泡沫灭火剂主要灭火机理为冷却作用和窒息，窒息抑制锂离子电池热失控能力不足。普通锂离子电池表面积小，能够附着泡沫的量小，且泡沫会影响锂离子电池内部热量的散发。

图 4-16 储能电站电池舱热气溶胶灭火装置示意图

（6）干粉灭火剂。干粉灭火剂抑制作用主要为冷却降温、隔离作用，新型的超细干粉灭火剂相比 AB 和 ABC 型干粉灭火剂，灭火能力更强，效果更好，进入火场后，超细干粉灭火剂遇热之后每一步都是吸热反应，吸收大量热，发生分解，可抑制电池的燃烧。

4.5.2 储能电站火灾扑救措施

储能电站火灾威力巨大，危害范围较广，易造成人员伤亡，所以在火灾扑救现场，消防人员应采取正确对策。

储能电站火灾抢险需要建立多道防线。除了电池提升电池自身的本质安全性能外，电池外部的第一道防线是防止出现使电池过热着火的各种诱因，比如过充、短路、撞击等，这就需要对电气系统进行安全设计。

当第一道防线被突破后（比如电池管理系统发生故障未能及时切断充电电源），电池温度升高，监控系统中的温度传感器或气体、烟雾探测器等应及时发现故障并报警，提醒工作人员处理故障，消除火灾诱因，这时第二道防线。

当故障未及时处理、第二道防线被突破后，电池燃烧已无法避免，此时消防系统要做的是将燃烧限制在发生故障的电池箱或电池舱内，并能隔离相邻的未着火的电池和设备，避免火势扩大。由于储能电池热失控后温度极高，现有的非水系灭火剂如气体、干粉无法将电池温度迅速降下来，灭火效果不太理想。因此将电池防火目标设定为控火，这是一种比较现实的方案，技术经济性较强，是第三道防线。

如果控火失败火情扩大，对人员财产安全造成严重威胁，则需要启动在电站内安装的固定式水基灭火系统或等待消防队来灭火。

5 电力电缆消防

电力电缆是用于传输和分配电能的电缆，常用于城市地下电网、发电站引出线路、工矿企业内部供电及过江过河水下输电等应用场景。电力电缆通道环境相对封闭，难以巡检，易发生火灾事故。电力电缆及其通道消防技术对提高电力电缆安全运行水平、供电可靠性密切相关。

本章介绍电力电缆的种类及电缆产生火灾成因，详细介绍电力电缆防火规范，重点介绍电力电缆消防技术和火灾探测警报系统。

5.1 电力电缆及火灾成因

5.1.1 电力电缆种类

从基本结构上讲，电缆主要由三部分组成：① 导电线芯，用于传输电能；② 绝缘层，使导电线芯与外界隔离，保障电气绝缘；③ 护套，起保护密封作用，使绝缘层不受外界潮气浸入，不受外界损伤，保持绝缘性能。

随着科学技术的进步，新材料、新工艺的不断出现，新型电缆的电压等级逐渐增高，电缆的品种越来越多。按绝缘材料的种类将电力电缆分类为油浸纸绝缘电力电缆、塑料绝缘电缆、橡胶绝缘电缆等；为增强电力电缆阻燃能力，于电缆绝缘或护套中增添阻燃剂，形成阻燃电缆。

油浸纸绝缘电力电缆包括黏性浸渍纸绝缘电缆、滴干绝缘电缆、不滴流浸渍电缆、油压油浸纸绝缘电缆和气压油浸纸绝缘电缆等。塑料绝缘电缆有聚氯乙烯绝缘电缆，聚乙烯绝缘电缆和交联聚乙烯绝缘电缆。橡胶绝缘电缆主要采用乙丙橡皮或类似绝缘混合物作为主绝缘材料。油浸纸绝缘电缆、塑料电缆和橡皮绝缘电缆存在可燃的缺点，当电缆本体或接头处发生故障时，电缆可能因局部过热、故障电弧而发生燃烧，并导致事故扩大。

阻燃电缆是在塑料、橡胶电缆绝缘或护套中加阻燃剂，即使在明火作用下，其绝缘也易燃烧。该类电缆多用于 10kV 及以上的电缆线路，按现行 GB/T 19666—2019《阻燃和耐火电线电缆或光缆通则》，按阻燃强度，阻燃电缆分为四类：阻燃 A 类（成束燃烧，代号：ZA）、阻燃 B 类（成束燃烧，代号：ZB）、阻燃 C 类（成束燃烧，代号：ZC）、阻燃 D 类（成束燃烧，代号：ZD）和单根阻燃燃烧（单根燃烧，代号：Z）。

电力电缆型号表征电缆结构、材质等特征，中国电力电缆产品型号及其，代号含义如下：

（1）35kV 及以下电力电缆型号及代号含义如表 5-1 所示。

表 5-1　35kV 及以下电力电缆型号及产品表示方法

分类	代号	含义
绝缘种类	Z	纸
	V	聚氯乙烯
	X	橡皮
	XD	丁基橡胶
	Y	聚乙烯
	YJ	交联聚乙烯
导电线芯	L	铝芯
	T	铜芯
内护层	H	橡套
	HF	非燃性护套
	V	聚氯乙烯护套
	Y	苯乙烯护套
	L	铝包
	Q	铅包
派生结构	D	不滴流
	F	分相
	G	高压
	P	滴干绝缘
	P	屏蔽
	Z	直流
外护层	0	裸金属铠装
	1	无金属铠装
	2	铜带铠装
	3	单层细钢丝铠装
	4	双层细钢丝铠装
	5	单层粗钢丝铠装
	6	双层粗钢丝铠装
	1	一级防腐（在金属铠装代号前一位）
	2	二级防腐
	9	金属铠装层外加聚氯乙烯护套

1）用汉语拼音第一个字母的大写表示绝缘种类、导线材料、内护层材料和结构特点。如用 Z 表示纸；L 代表铝；Q 代表铅；F 代表分相；ZR 代表阻燃。

2）用数字表示外护层结构。如用 2 代表钢带铠装。金属铠装外没有外被层时，则在金属铠装代号后加 0，例如裸钢带铠装则为 20 等。

再如：YJLV－35－3×120 表示交联聚乙烯绝缘、铝芯、聚氯乙烯护套、额定电压 35kV、三芯、截面积为 $120mm^2$ 的电力电缆。

ZR－VLV29－1，3×240+1×120 表示聚氯乙烯绝缘、钢带铠装、阻燃聚氯乙烯护套、1kV、三芯、截面积为 $240mm^2$，加一芯为 $120mm^2$ 的电力电缆。

（2）充油电缆型号及产品表示方法如表 5－2 所示。充油电缆型号由产品系列代号和电缆结构各部分代号组成。自容式充油电缆产品系列代号为 CY。外护层结构从里到外用加强层、铠装层、外被层的代号组合表示，外护层代号如表 5－2 所示。绝缘类别、导电线芯、内护层代号及各代号的排列次序以及产品的表示方法与 35kV 及以下电力电缆相同。

表 5－2　充油电缆型号及产品表示方法

加强层		铠装层		外被层	
代号	含意	代号	含意	代号	含意
1	钢带径向加强	0	无铠装	1	纤维层
2	不锈钢带径向加强	4	粗钢丝	2	聚氯乙烯护套
3	钢带径向窄钢带纵向加强				
4	不锈钢带径向窄不锈钢带纵向加强				

例如，CYZQ102、220/1×400 表示铜芯、纸绝缘、铅包、铜带径向加强、聚氯乙烯护套、额定电压 220kV、单芯、截面积为 $400mm^2$ 的自容式充油电缆。

（3）常见阻燃、耐火电力电缆型号、特性及使用范围如表 5－3 所示。

表 5－3　常用电力电缆型号、特性及使用范围

规格型号	名　称	使用范围
ZR－X	阻燃电缆	敷设在对阻燃有要求的场所
GZR－X	隔氧层阻燃电缆	阻燃要求特别高场所
WDZR－X GWDZR－X	低烟无卤阻燃电缆 隔氧层低烟无卤阻燃电缆	敷设在对低烟无卤和阻燃有要求的场所
NH－X	耐火电缆	敷设在对耐火有要求的场所
GNH－X	隔氧层耐火电缆	
WDNH－X GWDNH－X	低烟无卤耐火电缆 隔氧层低烟无卤耐火电缆	敷设在对低烟无卤耐火有要求的场所

5.1.2 电力电缆火灾成因

电力电缆的生产、本体敷设、附件施工、运行等任一环节的疏漏都会埋下火灾隐患。

电缆着火原因可归纳为内部因素和外部因素。据统计，国内因内部因素引起的电缆事故约占总事故的 9%，在国外约占 7%；国内外因外部因素引起的电缆事故约占总事故的 90%以上。图 5－1 为电缆沟失火后造成变电站烧毁实例。

(a) (b)

图 5－1 电缆沟失火后造成变电站烧毁实例

（a）实例一；（b）实例二

5.1.2.1 内部因素

内部因素包括以下几种：

（1）电缆制造原料不合格。

1）电缆芯线导体原料不合格。导体原料应为优质的电解铜或电解铝板，先制成圆形线材，经酸洗处理，再经多道拉拔工艺加工成规定直径裸铜（或裸铝）导体，随后通过真空光亮退火合格为芯线成品，最后通过多道包绕或压注绝缘层、屏蔽层、护套等工序后成为电缆成品。若电缆芯线原料材质不纯、含杂质多，相同截面芯线的载流量相对较低，导电能力下降。

2）电缆芯线导体截面比标称截面小，其安全载流量也小于设定值，导致电缆单位电流密度过大，运行过程中的实际电流很可能长期超过安全值，处于超负荷状态，造成不正常发热，存在火灾隐患。金属屏蔽（接地线）截面过小，接地电流、短路电流不能有效释放，也会造成电缆起火。

3）绝缘材料成分不符合要求及加工不良。绝缘材料成分不符合要求或电缆绝缘挤包环节加工不良，易造成电缆绝缘承载电压能力下降，该类电缆投运后易出现绝缘加速老化和龟裂现象，易引发相间短路和接地故障，如图 5－2 所示，形成火灾。

图 5－2 电缆相间短路故障

（2）电缆生产过程工艺差，产品质量缺陷。厂家在电缆生产过程中未严格按工艺操作或粗制滥造，都会导致电缆质量下降。电缆内部存在的缺陷，如气隙及电场分布不均等，易导致局部放电现象，长期局部放电会逐渐扩大绝缘损伤范围，引发绝缘击穿等故障问题。电缆附件制作质量不良也会引发电弧放电、附件击穿事故、造成线路起火。

1）电缆本体质量缺陷。如油浸纸绝缘电缆铅护套存在杂质砂粒、机械损伤及压铅有接缝等，在包缠绝缘过程中，纸绝缘上出现褶皱、裂损、破口和重叠间隙等缺陷，橡塑绝缘电缆主绝缘层偏芯，内含气泡、杂质，内半导电层出现节疤、遗漏等。

2）电缆附件质量缺陷。铸铁件有砂眼、瓷件机械强度不够、组装部分加工粗糙、防水胶圈规格不符或老化；绝缘管内含气态杂质或厚度不均，密封涂胶处有遗漏等电缆附件质量缺陷。

3）电缆附件施工缺陷。制作电缆附件时，对工艺的把握上不严格或接头材料不符合要求，会造成图 5-3 所示的附件应力配合不足、界面处存在缝隙，附件内部存杂质，密封不严存在水气进入通道，绝缘胶配比错误等缺陷。热缩接头制作质量缺陷主要有半导电层处理不净、应力管安装位置不当、热缩管收缩不均匀、地线安装不牢等；预制电缆接头安装质量缺陷主要有剥切尺寸不准确、绝缘件套装时剩余应力过大等。

4）导体接触电阻过大。导线与导线、开关、熔断器、仪表、电力设备等连接点处对接触电阻要求较高，若连接点处存在杂质、连接不牢靠、接触面不平、接触面表面氧化或两个接触面上施加的压力太小等情况，则会导致接头接触不良、接触电阻过大，运行时接头会形成高温，当热量足以熔化绝缘层时即会着火，如图 5-4 所示。

图 5-3　接头制作质量缺陷

图 5-4　连接点发热导致电缆故障

（3）运输保管不当使电缆受损。原本合格的电缆出厂运输及装卸过程不当，使电缆受挤压或撞击，内部芯线或各绝缘层受损，或电缆储运中不封端易导致线芯大量进水，引发电缆投运后故障。

5.1.2.2　外部因素

引起电缆着火的外部因素较多，主要为电缆敷设安装不符合要求，电缆防火未达标（包括防火设计未达到设计标准或防火产品安装不达标等），机械损伤，使用维护不当，运行工况恶劣等。

（1）电缆敷设安装不符合要求。施工单位未按规定要求施工、不严格执行敷设工艺，安装过程无监理、不自检和互检，未按消防法及电力建设安全工作规程要求施工，如图 5-5 所示。

（2）电缆线路防火未达标。

1）防火设计未达到设计标准或防火产品、安装不达标，如通道通风、防火、隔离等措施未达标，电缆接头及相邻电缆本体的防火隔离未达标等。

2）消防设施及防、灭火措施不健全。重要通道及重点部位未配备必要的灭火装置及自动报警装置，电缆着火时无自动报警，初期火情难以被发觉，致使火情蔓延和扩大。

（3）机械损伤。电缆施工阶段造成的机械损伤是多数电缆故障的诱因。轻微机械损伤易造成电缆线路潜伏性缺陷，损伤部位常于投运后几个月甚至几年发展成护套穿孔，潮气侵入电缆，引发故障。常见的市政施工导致的电缆受损击穿如图 5-6 所示。

图 5-5　未按工艺要求安装敷设电缆

图 5-6　市政施工导致电缆受损击穿

（4）过电压。过电压主要指大气过电压（雷击）和电缆内部过电压。线路受雷击、短路故障后保护器损坏等过电压现象时易造成外护层薄弱处击穿起火。

（5）配电电缆中性点接地方式的影响。中性点接地方式主要包括中性点有效接地（大电流接地系统）和中性点非有效接地（小电流接地系统）两种，中性点非有效接地系统中的电缆单相故障易出现带故障运行现象，引发火灾事故，如图 5-7 所示。

（6）使用维护不当。使用维护不当主要包括：电缆长期过负荷运行，日常缺少巡视检查和维护，接地系统内的直流接地线、同轴电缆等缆线偷盗遗失，架空、电缆混合线路在电缆故障情况下等。

（7）运行条件恶劣。运行条件恶劣主要是指电缆通道内存在易燃气体，外界（周围环境）火源波及电缆着火（如图 5-8 所示），电缆通道内和井口上方堆放易燃易爆物品，电缆护层的电化学腐蚀等。

图 5-7　中性点经消弧线圈接地运行故障

图 5-8　电缆被周围可燃物烧损

5.2 电力电缆防火规范

本节对电力电缆施工、设计和验收的相关标准、一般规定、防火产品规范、电缆防火规范等进行简要介绍。

5.2.1 电缆施工、设计、验收相关标准

表 5–4 给出有关建（构）筑物的安全疏散和建筑构造的国家标准。

表 5–4　有关建（构）筑物的安全疏散和建筑构造的国家标准

标准编号	标准名称	发布部门
GB 50016—2014	建筑设计防火规范	中华人民共和国住房和城乡建设部、中华人民共和国国家质量监督检验检疫总局
GB 50058—2014	爆炸危险环境电力装置设计规范	中华人民共和国住房和城乡建设部、中华人民共和国国家质量监督检验检疫总局
GB 50150—2016	电气装置安装工程：电力设备交接试验标准	中华人民共和国住房和城乡建设部、中华人民共和国国家质量监督检验检疫总局
GB 50168—2016	电气装置安装工程：电缆线路施工及验收标准	中华人民共和国住房和城乡建设部、中华人民共和国国家质量监督检验检疫总局
GB 50217—2018	电气工程电缆设计规范	中华人民共和国住房和城乡建设部、中华人民共和国国家质量监督检验检疫总局
DL 5027—2015	电力设备典型消防规程	国家能源局
Q/GDW 1864—2012	电缆通道设计导则	国家电网公司
Q/GDW 1512—2014	电力电缆及通道运维规程	国家电网公司
DL/T 5084—2013	电力电缆隧道设计规程	国家能源局
DL/T 5221—2016	城市电力电缆线路设计技术规定	国家能源局
SZDB/Z 174—2016	市政电缆隧道消防与安全防范系统设计规范	深圳市市场管理监督局

5.2.2 电缆防火的规定

电缆防火分隔封堵应实现三个目的：限制电缆火灾蔓延的空间；降低电缆延燃能力；适当减少分隔空间内的电缆数量，尽量避免不同回路的电缆或不同分段的电缆敷设在同一分隔空间内。

为限制电缆火灾蔓延，应采取以下防火分陷封堵措施：

（1）在电缆隧道和重要回路的电缆沟中的适当部位设防火墙。

（2）在重点防火部位敷设的电缆，当这些电缆穿越到下层的电线夹层、电线沟、电缆隧道等部位时，应在这些部位所对应的房间与房间之间、部位与部位之间做防火分隔。

（3）电缆穿越墙壁、楼板和组柜的孔洞应用防火堵料封堵。

为减少分隔空间内的火灾损失，应采取下列电缆阻燃措施：

（1）两组或多组电缆交叉敷设时，应将电缆理顺，用阻火包分层间隔堆砌以阻止火焰传播。

（2）沿多层桥架敷设的电缆需要分隔时，宜用耐火隔板分隔，邻近外部火源的桥架宜将电线敷设在耐火槽盒中或用防火包保护。

（3）需要阻燃处理的电缆段宜在电缆表面涂刷防火涂料或用阻燃包带缠绕。

（4）电缆经过防火分隔封涂处理后散热能力会降低，其工作载流量应严格控制不超过额定载流量，必要时应加强通风散热。

5.3 电力电缆消防技术

电力电缆消防技术可分为被动式消防技术和主动式消防技术。

5.3.1 电缆被动式消防技术

电缆被动式消防技术主要用于防火封堵、防火分隔、防火延燃等，使用的产品类型包括：防火封堵材料、防火槽盒、隔板、防火涂料和阻燃包带。以下介绍常用电缆被动式防火材料。

5.3.1.1 防火堵料

（1）无机防火堵料。无机防火堵料外观为水泥状粉末，由硅酸盐、碳酸盐、热胀剂、缓凝剂等混合而成。

（2）有机防火堵料。有机防火堵料外观为橡皮泥状固体，是耐火无机盐类及塑性有机物的混合物。容重 1600～1800kg/m^3；氧指数大于等于 60；常温下有较好的塑性，气温过低时，可用不适水薄膜包严并在热水中浸泡改善塑性后使用。

（3）阻火包（或称防火枕）。阻火包为包袋状产品，由阻燃棉布和玻璃纤维布做成，内装受热发泡、阻燃隔烟的粉剂或颗粒构成。起始膨胀温度 90℃；膨胀结块温度 450℃；导热系数大于等于 0.14kW/（mK）；膨胀后体积倍数 1.5～2 倍；体积电阻系数大于 1000Ω·cm，其阻火隔烟性能很好，可重复安装和拆除，有效期长。

（4）无机耐火纤维。无机防火堵料宜用于封堵电缆穿越墙、楼板和盘柜的孔洞和电缆竖井。封堵成本低于有机堵料和阻火包，但封堵固化后不易更换电缆，常与有机堵料配合使用。有机防火堵料外观为橡皮泥状固体，是耐火无机盐类及塑性有机物的混合物。有机防火堵料宜与无机堵料配合用于封堵电缆孔洞和电缆竖井，以无机堵料封堵孔洞周边，有机堵料用来封堵靠近电缆部分，以便于更换电缆。防火包为包袋状产品，由阻燃棉布和玻璃纤维布做成，内装受热发泡、阻燃隔烟的粉剂或颗粒。无机耐火纤维包括矿渣棉、岩棉、玻璃纤维、硅酸铝纤维等，经压制成型的矿棉或耐火纤维砖，耐火极限达到 1h 者，仅能用于封堵竖井外廓或砌筑非承重防火墙。

5.3.1.2 防火分隔产品

（1）防火隔板和防火槽盒。防火隔板和防火槽盒以玻璃纤维为骨架，两面覆以阻燃环氧树脂或无机耐火填料，经压制而成。覆以阻燃环氧树脂的为有机阻燃隔板或槽盒，覆以硅酸盐、碳酸盐和填料压制成的为无机耐火隔板或槽盒。槽盒可将电缆包围，在电缆起火时与盒外空气隔绝，有窒息灭火作用。

（2）防火墙。通道内作为防火分区分隔之用的承重防火墙应根据厂房结构耐火极限的要求，遵循 GB 50016—2014《建筑设计防火规范》设计和施工。敷设电缆的工房之间的非承重防火墙，当其封堵的构筑物的耐火极限高于 1h 时，防火墙的耐火极限应与之相适应。

电缆沟道中分隔电缆的防火墙耐火极限不应低于 1h，可用实心粘土砖或耐火极限不低于 1h 的矿棉砖或耐火纤维砖砌筑，外刷水泥砂浆。

（3）防火门。防火门有木质和钢质两类，按耐火极限分甲、乙、丙三级，其规格与 GB 5824—2008《建筑门窗洞口尺寸系列》相对应，也可按用户需要定制特殊尺寸。产品各项技术指标参考 GB 12955—2008《防火门》，以保证可靠的防火、隔烟、隔热性能。

5.3.1.3 防火涂料

电缆防火涂料属饰面型防火涂料，是以天然树脂为基料，以水或有机溶剂为溶剂，颜色填料、助剂等经研磨分散加工处理而制成，外观为油漆状混合剂。它在火焰或热辐射作用下能迅速膨胀发泡，形成较为结实和致密的海绵状隔热泡沫层，阻止火焰在电缆的可燃绝缘层传播蔓延。这类涂料按分散介质分为水性和溶剂型两类，如图 5－9 所示。

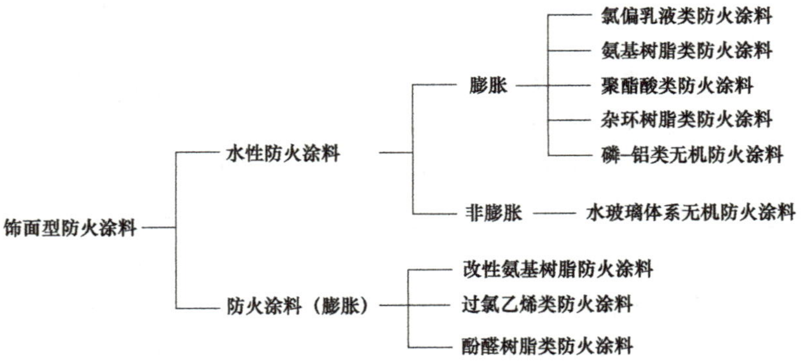

图 5－9 饰面型防火涂料分类图

5.3.1.4 电缆用阻燃包带

电缆用阻燃包带是一种缠绕在电力电缆本体或附件表面、具有阻止电缆着火以及火势蔓延的带材。根据包带材质可分为塑料类防火包带、橡胶类防火包带、纤维类防火包带、复合材料类防火包带。其中橡胶类防火包是带以氯丁橡胶为基础材料，配以多种阻燃剂及其他添加剂制成的带状产品，用以缠包电缆外表面，阻止火焰接触电缆的可燃绝缘层，从而防止电缆起火。

5.3.1.5 电缆被动式防火技术应用部位和方式

（1）防火墙设置在电线隧道或重要回路电缆沟中部位：

1）电厂和变电所内电缆隧道穿过重点防火区域的划分处和厂、站区围墙处。

2）公用主隧道或沟内引接的分支处。

3）通向控制室、配电装置室的入口处。

（2）电厂或变电站主厂房区电缆隧道或沟内每隔 60m 处，主厂房区外电缆沟内每隔 100m 处，水电站厂房区外电缆隧道每隔 150m 处和电缆沟每隔 200m 处；

（3）发电厂主厂房或变电站主楼通向外部的所有接口处。

（4）下列部位的电缆应采用防火堵料或阻火包等产品进行封堵：

1）电缆穿越单元控制室、集中控制室、电子设备室、计算机室、网络控制室、通信总机室、厂用配电室、继电保护室的孔洞，进入盘柜或设备的孔洞以及穿越上述工作室进入电缆夹层、电缆隧道与电线竖井的接口处。

2）发电机小室的内外接口处。

3）桥架电缆穿墙处、与竖井接口处。

4）电缆竖井穿越楼板处；竖井与隧道或沟道的接口；竖井中两个封堵层的间距不应大于 9m，否则应增加分隔封堵层；人行竖井封堵层周围用无机堵料形成外廓，入孔用耐火隔板或钢板掩盖。

5）输煤配电室、碎煤机室、输煤栈桥、电除尘配电室，化水配电室、化学水处理室、中央水泵房、补给水泵房、消防水泵房及生产办公楼、通信楼的电缆出入口和电缆进入表盘的孔洞。

（5）直流电源、消防报警、事故照明、双重化保护装置、水泵房、化学水处理及输煤系统等公用重要回路的非耐火型电缆，宜布置在两个相互独立或有防火分隔的通道中。当不能满足上述要求时，应对其中一回路作耐火处理，如采用耐火隔板或槽盒、使用防火涂料或阻燃包带等。

（6）对主厂房内易受外部火灾影响的区段，如邻近汽轮机头部、朝向锅炉或制粉系统的防爆门、排渣孔部位的电缆，应在电缆上使用防火涂料、阻燃包带或防火槽盒。

（7）对明敷的 35kV 以上的高压电缆、主电源回路的全部电缆，不宜明敷在同一条电缆通道中。当不能满足上述要求时，应对部分主电源回路的电缆使用防火涂料、防火隔板或耐火槽盒、阻燃包带等。

（8）电缆桥架的防火分隔封堵应遵守下列规定：

1）钢质电缆桥架可在电缆上、下两面设耐火隔板，两侧涂刷防火涂料或装耐火隔板。

2）整段电缆桥架需做防火处理时，可采用宽度不大于 0.6m 的耐火槽盒连续敷设，槽盒中应设专用接地线形成接地。

3）在汽机房、电缆夹层等清洁环境中，可采用钢质防火网罩，兼顾防火与改善通风散热。

4）桥架电缆沿厂房延伸敷设时，每 100m 应设防火分隔点，可设长度 2m 的耐火槽盒进行分隔。

5）电缆必须交叉敷设时，交叉处的电缆应逐层以阻火包分隔封堵。

（9）应涂刷防火涂料的部位及要求：

1）电缆接头两侧 2～3m 区段以及该接头电缆附近其他电缆的相同段处，涂刷防火涂料，涂刷厚度不小于 1mm，分 3～4 次涂刷，每次涂料突干后复涂。

2）电缆穿越防火墙等构建物时，穿越点两侧各 2m 内应涂刷防火涂料。

3）进入控制盘柜的电缆头宜涂刷防火涂料。

4）高压电缆及低压一级负荷电缆端头宜采用防火涂料、阻燃包带、耐火接头盒等防火产品防护。

（10）油泵房、油处理、油库区、制氢站、危险品仓库的电缆应穿管敷设，管口应进行防火封堵密封。

（11）防火涂料的选择按国家标准。当发现涂料表面出现发胀、发黏、龟裂或脱落时，表明防火涂料已失效，应及时复涂。

5.3.2 电缆主动式消防技术

主动防火指利用火灾自动报警、灭火、防排烟等设施，发现早期火灾进行初期灭火，火灾发生后主动扑救，进行火势控制，设备包括火灾报警系统、烟气控制、探测技术及自动灭火系统（超细干粉灭火弹、气溶胶、水喷雾）等。

（1）火灾传感器。接触型火灾传感器应用最广，而感烟探测器在电缆隧道中应用最为广泛，其优点是保护面积大、安装位置高、抗干扰性强和防腐、防水，缺点是稳定性差。此外，单一参数探测器存在如下缺点：① 以实时量测值作为火灾判断的数据基础，通过测量值与预设门限值比较，或多个量测值经融合处理后与预设门限值比较判断火情，存在告警时间滞后、报警不及时的问题；② 电缆火情存在较大的偶然性和不稳定性，对火灾特征信号响应灵敏度要求高，单一参数探测器易受环境干扰而误报、漏报。

近年出现的可重复使用、设定温度的缆式线型感温探测器、差定温线型感温探测器，是隧道火灾探测主要使用的产品。线型光纤感温探测器分为光纤光栅和分布式光纤两类感温探测器，光纤光栅以光纤连接的多点光栅为温度检测单元，分布式光纤以整根光纤为温度检测单元。

图 5-10 电缆隧道悬挂式干粉灭火弹

（2）悬挂式超细干粉灭火弹。灭火弹工作准确、可靠，喷射时间短、灭火迅速、施工安装简便，不占用防护区地面面积，在较封闭的情况下，有效灭火范围可达 7～10m^3，适用于小型防护区的消防保护。灭火弹一般安装在电缆隧道、电缆夹层、计算机房、电厂、配电室、电力通信基站、电缆隧道内电缆接头附近，电缆隧道悬挂式干粉灭火弹如图 5-10 所示。在火灾发生或报警信号作用下引爆、释放灭火介质，爆炸时对人体、建筑物及其他器材均不会造成伤害。

灭火弹根据介质分为干粉、气体、液体等几种，其中超细干粉灭火剂灭火效率较高、灭火浓度最低，其单位容积灭火效率是哈龙灭火剂的2～3倍，是普通干粉灭火剂的6～10倍、七氟丙烷灭火剂的10多倍、二氧化碳灭火剂的15倍。

（3）气溶胶灭火系统。气溶胶灭火系统是当火灾发生时，热气溶胶灭火发生剂经氧化还原反应生成一种具有灭火性质的气溶胶体，通过冷却降温、化学抑制燃烧来实现灭火。气溶胶灭火系统一般安装在电缆隧道内，如图5-11所示。

图5-11　气溶胶灭火系统

（4）干粉灭火系统。干粉灭火系统是利用干粉与火焰接触吸收热量，生成非活性气体稀释氧气浓度，从而达到灭火目的，其优点是高压动力源、大干粉量、高喷射指向性；缺点是干粉释放对人有呛咳不适影响，对于粉尘过敏者，需佩戴防尘口罩，进入隧道前要将系统从自动切换为手动。

灭火程序为接头发生火灾时，智能控制系统根据探得火情信号发出人员疏散警报（图5-12为控制界面及警报器），自动启动动力瓶内的高压氮气，推动灭火剂储存罐（图5-13）内的干粉通过分区阀、输送管网和喷嘴（图5-14所示为喷嘴及感应装置）喷放至着火电缆接头处，干粉喷放完毕后，系统启动冷却瓶内的高压氮气再喷放至接头以-40℃低温进行可持续15min以上的冷却降温。如发生复燃现象，智能控制系统会再次自动启动二次灭火程序，灭火及冷却程序和持续时间与一次灭火程序相同。

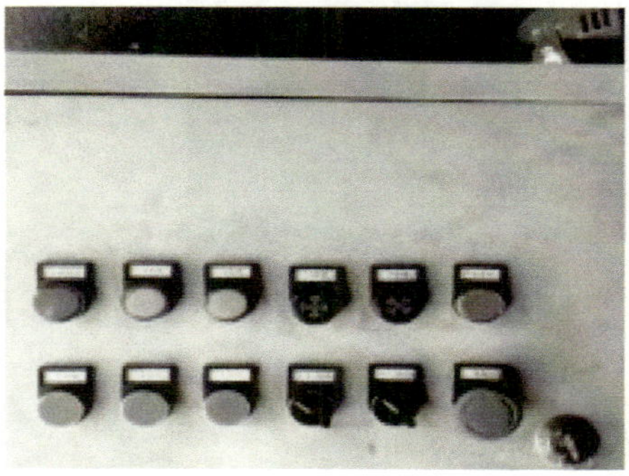

图5-12　控制界面及警报器图

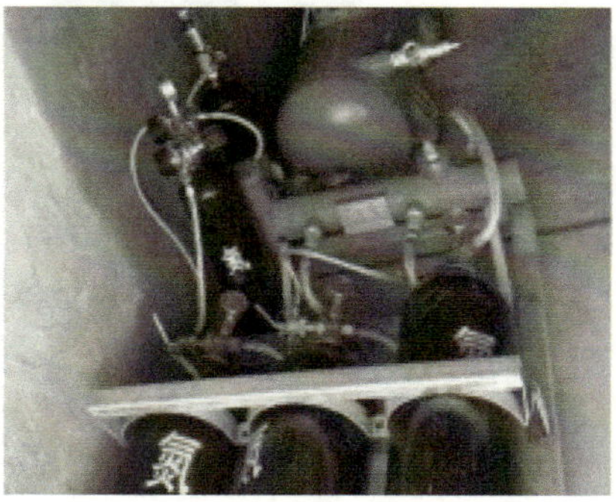

图5-13　灭火系统储粉罐

图5-14　喷嘴及感应装置图

（5）细水雾灭火系统。细水雾在水表面能快速吸收热量、隔绝氧气、降低热辐射、减少烟雾，是用水量较少的环保型灭火装置，但需持续喷淋 30min，不能设置自动关闭，残留水可能造成电缆受潮。图 5－15 和图 5－16 分别为常见的小型、中型细水雾装置及其安装在电缆防护区域图。

(a) (b)

图 5－15　小型细水雾装置及其安装在电缆防护区域图

（a）小型细水雾装置；（b）安装区域图

(a) (b)

图 5－16　中型细水雾装置及其安装在电缆防护区域图

（a）中型细水雾装置；（b）安装区域图

灭火过程如图 5－17 所示，灭火后情况如图 5－18 所示。

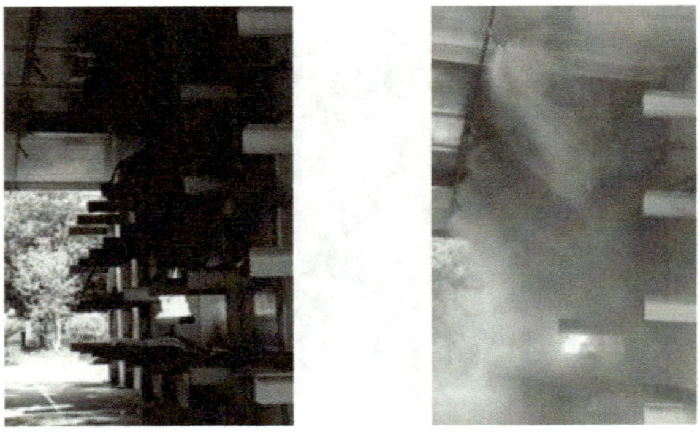

图 5－17　灭火过程

图 5-18 灭火后情况

我国电缆常用灭火手段的支持规范见表 5-6。

表 5-6 我国电缆常用灭火手段的支持规范

灭火剂	支持的规范
干粉（含超细干粉）	GA 602—2013《干粉灭火装置》 GA 578—2016《超细干粉灭火剂》 GB 16668—2010《干粉灭火系统及部件通用技术条件》 GB 50347—2005《干粉灭火系统设计规范》
细水雾	GB 50219—2014《水喷雾灭火系统设计规范》 GB 50084—2017《自动喷水灭火系统设计规范》 GB 50261—2017《自动喷水灭火系统施工及验收规范》
二氧化碳	GB 4396—2005《二氧化碳灭火剂》 GB 16669—2010《二氧化碳灭火系统及部件通用技术条件》 GB 19572—2013《低压二氧化碳灭火系统及部件》 GB 50193—2010《二氧化碳灭火系统设计规范》
IG541、气溶胶等	GB 50263—2007《气体灭火系统施工及验收规范》 GB 50370—2017《气体灭火系统设计规范》

5.3.3 电缆火灾自动探测警报系统

（1）电缆火灾自动探测报警应达到下列目的：及早探测火情、显示火警部位、发出警报，以便采取相应措施（疏散人员、呼叫消防队、启动灭火系统、关闭防火门等）。

（2）电缆火灾自动报警系统组成应符合下列规定：

1）火灾报警系统应由火灾探测器、火灾报警器、手动报警按钮等必备设备组成。

2）火灾自动报警系统应根据发电厂、变电所和调度楼的规模和重点防火部位数量分别采取区域火灾报警系统、集中火灾报警系统和控制中心火灾报警系统，如图 5-19（a）、（b）、（c）所示。

3）电缆火灾按早期报警次序依次为特征气体、烟雾、温度、火焰辐射等，应根据被保护区域的重要程度和不同的探测器对探测区环境条件（温度、湿度、含尘量等）的适应能力选择适当的探测器，自动探测一种或数种火灾特征参量。手动报警按钮用于人工发现火情时报警。

4）电缆火灾常用探测器类型如图 5-20 所示。

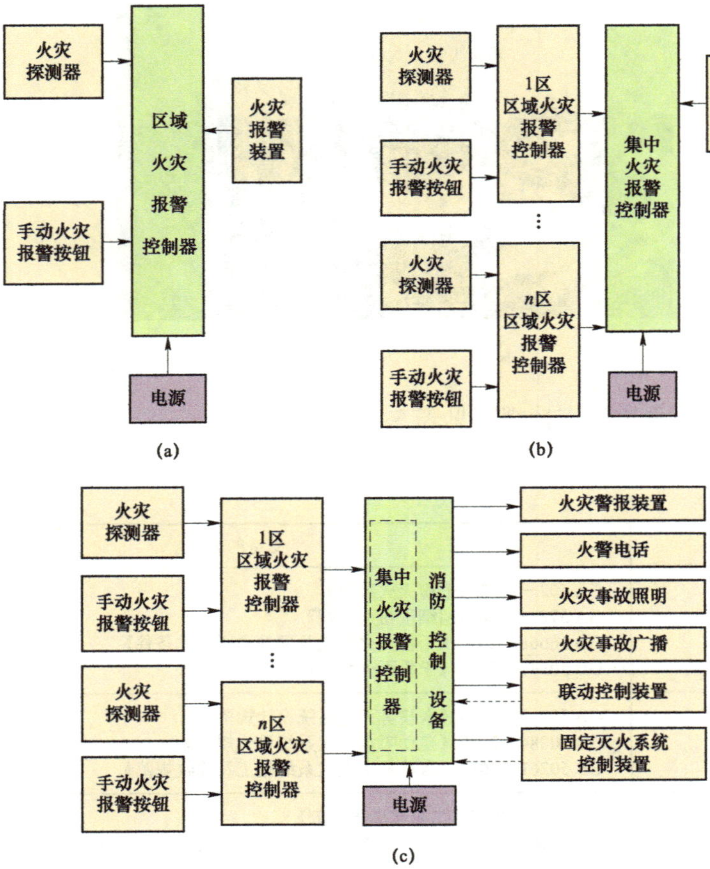

图 5-19　火灾报警系统分类图

（a）区域报警；（b）集中报警；（c）控制中心报警

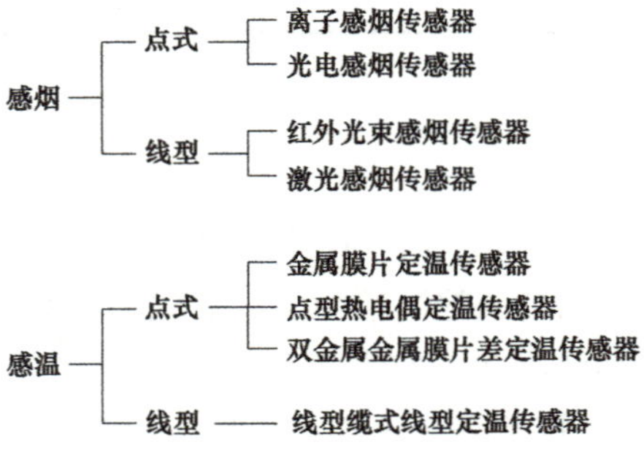

图 5-20　电缆火灾常用探测器类型

（3）电缆火灾自动报警系统的设计，应按 GB 50229—2019《火力发电厂与变电所设计防火规范》、DL 5027—2015《电力设备典型消防规程》、GB 50016—2014《建筑设计防火规范》、GB 50045—2017《高层民用建筑设计防火规范》、GB 50116—2013《火灾自动报警系统设计规范》等的规定执行。

（4）电缆火灾自动报警系统应有自动和手动两种触发方式。

（5）电缆火灾自动报警系统的设备，应选用经国家有关产品质量监督检测单位检验合格的产品。

6 输电线路防山火技术

中国能源与负荷分布不平衡，电能生产后经超、特高压输电线路远距离、大容量送到东部负荷中心，许多重要输电线路跨越大量的林区和农业区，山火的频发威胁火灾区域的电力设施安全。

山火产生大量高温、高电导率的灰烬和烟雾，对杆塔、导线、绝缘子的电气特性和机械特性造成影响，会导致输电线路跳闸，严重影响输电线路和电网安全运行，甚至造成大面积停电事故。

本章分析山火成因、山火跳闸的机理及山火对输电线路的影响，介绍几种山火监测技术、灭火装备和灭火技术，并系统介绍火情预警和处理机制。

6.1 输电线路山火跳闸成因

6.1.1 山火成因

山火是野外树木、杂草、农作物等易燃物燃烧的总称，山火灾害的发生必须具备三个条件：可燃物、山火环境、火源条件。

山火燃烧过程中的可燃物不是单一类型，而是多种类型组成的复合体，是山火发生的物质基础。

山火环境包括火灾季节、火险天气，与气候条件、地形、土壤等因素有关。火灾季节干旱少雨，森林中的各种可燃物缺乏水分，干燥易燃，为山火爆发提供了有利条件。火险天气包括长期干旱、温度高、相对湿度小和风速大等易导致山火发生的气象因素。风速大会加快水分的蒸发速度和火势的蔓延速度，给山火扑救工作带来很大困难。

火源条件是引发山火发生的直接原因，一旦无法及时控制火源，在有利的山火环境和充足的可燃物的条件下，极易导致山火发生。火源条件一般包括人为火源和自然火源。统计山火火灾发生的原因，发现山火主要是由生活用火、祭祀起火、焚烧秸秆等人为火源引起的，由自然火源引起山火的情况相对较少。

6.1.2 山火跳闸机理

当输电线路附近发生山火时，输电线路周围的空气温度明显升高，空气中粒子的热运动加剧，撞击动能增大，产生撞击游离的概率变大。山火发生点附近温度的局部气压变化相对于整个大气层来说可以忽略，可认为是恒压变化，随着温度升高，气体体积增大，空气密度减小，电子的自由行程增大，在电场力的作用下，电子的动能进一步增大，发生撞击游离的概率增加。发生大面积山火时，山火的燃烧温度能达到 1000～1177℃，而空气中的气体出现明显热游离的温度为 730℃左右，导线对地线或导线对地间易产生电子崩。

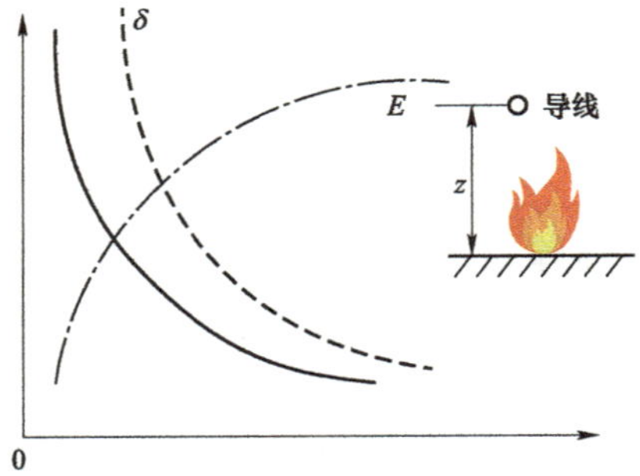

图 6–1 在山火条件下输电线路间隙的温度、电导率和电场分布特性

T—输电线路间隙的温度；E—电场强度；δ—电导率

高压导线击穿空气间隙的过程存在三个因素：火焰温度场、山火产生的大量热颗粒和山火产生的大量带电粒子。图 6–1 为在山火条件下输电线路间隙的温度、电导率和电场分布特性。

根据山火的温度、空间电荷和烟雾与灰烬等因素，山火引起输电线路跳闸的原理可以用以下模型说明。

（1）空气密度下降模型。火焰高温导致放电通道空气密度下降，致使空气绝缘性能降低，从而影响放电过程。火焰中空气密度的相对密度如式（6–1）和式（6–2）所示。

$$\delta=\frac{p_t(273+T_a)}{p_a(273+T_t)} \tag{6–1}$$

$$\delta=\frac{V_t}{V_a} \tag{6–2}$$

式中 δ ——相对密度；

p_t、T_t ——实际条件下的压力和温度，Pa、℃；

p_a、T_a ——标准条件下的压力和温度，Pa、℃；

V_a ——标准条件下的击穿电压，V；

V_t ——实际条件下的击穿电压，V。

空气密度下降模型考虑植被燃烧产生的高温使导线与地面间间隙温度升高而使空气密度下降，进而导致间隙的绝缘性降低，促使击穿放电电压降低。击穿电压与气压成正比，与温度成反比，温度越高，输电线路周围的相对空气密度越小，越有利于流注放电形成。

（2）颗粒触发闪络模型。在山火燃烧过程中，导线、导线间隙之间漂浮着大量碳化的固体颗粒、灰烬等，这些颗粒大部分为碳化的枝叶，具有较好的导电性，在火焰浮力作用下进入导线附近的强场区，致使空气的绝缘性发生改变。

浮动的颗粒电导率高，形状为针形，能使颗粒附近的电场畸变，吸附电荷并促进放电发展。火焰产生的高温和电荷增强了颗粒附近电场畸变的程度，降低了颗粒触发放电所需的场强，扩大了触发放电的范围。

大量颗粒形成颗粒链，在高压导线以及颗粒之间由于放电相互吸引形成放电通道，短接大部分线路对地间隙，引发输电线路间隙被击穿。间隙长度整体被火焰覆盖时不会导致闪络，当火焰覆盖了 60%的间隙且含有颗粒时会导致闪络。高介电常数或高电导率的材料和颗粒在靠近高压导体时击穿电压下降最为明显。

（3）火焰电导率和热游离模型。植被燃烧过程中产生水蒸气和无机盐，导致大量带电粒子进入线路间隙，增大间隙的电导率。间隙的绝缘强度受火焰中电子和离子影响，随火焰中电荷的增加，击穿电压下降。

火焰中电子的来源为：① 植被在氧化反应过程中生成的 H_3O^+ 离子，碳氢化合物在反应中生成电子和离子的过程如式（6–3）和式（6–4）所示；② 植被的碱金属和碱土金属离子，由于电离势低，在火焰的高温下发生热游离。

$$CH+O \longrightarrow CHO^+ + e^- \tag{6-3}$$

$$CHO^+ + H_2O \longrightarrow H_3O^+ + CO \tag{6-4}$$

火焰中电导率增加对输电线路间隙击穿特性的影响主要体现为：① 火焰中电导率增加到一定程度时，会产生一种类似于流注放电的特性，使间隙在较低电压情况被流注放电贯通形成击穿；② 植被燃烧过程产生的大量电子和离子使火焰呈现出弱等离子体性质，降低了火焰与线路间隙桥接时的压降，从而导致整个间隙被击穿；③ 山火条件下，直流线路中击穿电压具有极性效应，电极为正极性时间隙更容易击穿。

6.1.3 山火对输电线路的影响

山火在我国很多地区发生频发，火焰的高温对铁塔、导线和绝缘子的电气和机械性能造成明显影响，燃烧会导致塔材失去强度而变形，导致供电线路出现跳闸和电力设备损坏，严重威胁电网安全运行。

6.1.3.1 山火对导线和地线的影响

目前我国高压输电线路的导线和架空地线的材质一般为钢芯铝绞线与钢绞线。山火产生的高温将会对导、地线性能产生不利影响。山火温度一般在 600～2000℃，环境温度达到400℃时，导、地线会失去部分弹性，高温会使导线因热膨胀而弧垂增大，进一步造成导线对地面或建筑物安全距离不足发生放电跳闸事故。山火使线路周围环境温度升高，会加剧导线、地线的老化速度，在张力过大时可能会出现断线事故。

山火中产生的烟尘随着热气流不断上升，易与空气中游离的电子结合，造成导线对地线或地面物体之间绝缘强度不足，产生闪络跳闸。导线、地线长时间处于高温环境中，其老化程度会加剧，电化学腐蚀会加速，为之后的安全运行埋下很大隐患。

随着导线暴露在火焰中时间的增加，导线机械强度急剧下降，拉伸负荷低于正常状态。因而在输电线路下方发生山火后，要加强导线的外观与机械性能检查，及时更换或修补缺陷导线，确保线路的运行安全。

6.1.3.2 山火对绝缘子的影响

对绝缘子而言，长时间的高温环境会导致其绝缘性能急剧下降。目前高压输电线路中常用的绝缘子为复合绝缘子和瓷质绝缘子，瓷质绝缘子在高于300℃的环境下绝缘性能下降尤其迅速，并且随着高温时间的延长，绝缘性能失效概率越高。瓷质绝缘子在火灾扑灭的过程中被水冲刷或者在火灾过后经过雨水冲刷，还可能会因淬火表面出现裂纹甚至酥裂。

山火发生时往往伴随大量的浓烟和灰烬，随着热运动的扩散，一部分进入输电线路的相地和相间间隙影响线路的外绝缘特性，另一部分附着在绝缘子上将造成盐密度增加，会导致绝缘子的自洁能力和憎水特性降低，使污闪跳闸发生的可能性增加。

6.1.3.3 山火引起线路跳闸

山火是一种包含气体、灰尘、带电粒子等各种物质的混合体，其放电特性受电导率、火焰温度及导电颗粒等多重因素影响。山火发生后会产生大量的颗粒和灰烬，可引发输电线路的间隙放电和跳闸现象。

输电线路因火跳闸多发生在线路档距中间，线路对地或植被净距较小等绝缘薄弱的部位，输电线路的塔形、相间和相地距离对输电线路因火跳闸特性有较大影响。138kV 以下电压等级的输电线路主要发生相间击穿，230kV 以上电压等级的输电线路主要发生相地击穿，同一电压等级线路相间距离较小时，发生相间击穿的比例明显增加。输电线路的塔形和导线布置决定了导线的相地和相间距离，而相地和相间距离对输电线路在山火条件下的绝缘特性有明显影响，增大相间距离也可以有效增加输电线路在山火条件下的绝缘性能。

一般情况下，山火造成的跳闸事故重合闸都难以成功，主要原因是重合闸之后绝缘性能较差，重合闸时产生的操作过电压将导致再次击穿，因此山火跳闸事故极易导致输电线路的停运。在架空输电线路较为集中的输电通道，山火可能造成大面积停电，影响正常生产和生活，造成严重的经济损失。

6.2 山火监测技术

山火的发生不仅会引起电路的跳闸，损毁电路系统，还将烧毁架线建筑塔，造成大量的人员伤亡，影响生活正常供电，因此做好山火的预警显得尤为重要。随着遥感技术、全球定位技术、地理信息系统技术的发展，山火的预警技术得到了进一步开发和完善。

6.2.1 在线监测技术

山火成因中的火环境表明了山火灾害的发生与气象因素有着密切的关系。影响山火的气象因素很多，包括温度、风、降水量、相对湿度、日照、烟雾等。温度是山火监测中的一个关键因子，在相同的气象环境中，温度越高，发生山火的概率越大。风也是山火发展中一个重要因子，风向和风速影响山火蔓延速度、山火强度和火灾面积。此外，降水量、相对湿度、日照等其他气象因素会对山林地表面植被的含水率产生不同程度的影响，山林地表面植被的含水率，特别是细小可燃物的含水率的高低与森林火险等级关系密切，地表面植被含水率越高山火发生的概率越低。这些微气象数据用于确定火灾气象指数、森林火险指数以及预测森林火势范围。通过对这些气象数据的监测和分析，可以对大区域的火灾隐患做出排查，对山火的防治工作具有一定的指导意义。

火灾探测器可直接监测山火的产生，根据不同探测原理，可以把山火监测用火灾探测器分成感温式火灾探测器、感烟式火灾探测器和感光式火灾探测器。

6.2.1.1 感温式火灾探测器

感温式火灾探测器按照工作方式的不同可以分成定温型、差温型以及差定温型三种，实物图如图 6-2 所示。定温型是当监测范围内的温度超过预定值时探测器输出响应；差温型是当温度升高的速度达到预定值时输出响应；复合型包含定温型和差温型两种判据。在感温式火灾探测器中使用比较广泛的热敏元件有很多，如热敏电阻、热电偶、易熔金属等。温度探测器能够很好地预测火灾的发生，可以提早对输电线路进行保护。

6.2.1.2 感烟式火灾探测器

感烟式火灾探测器分为离子感烟和光电感烟两类，可以灵敏地感应出燃烧和热分解时产生的固体或者液体微粒。普通固体物质燃烧要经历早期、阴燃、起火三个阶段，感烟探测器可监测阴燃阶段产生的烟雾，实物图如图 6-3 所示。感烟探测器能较早地做出火灾响应，起到有效预警的作用。

图 6-2 感温式火灾探测器实物图

图 6-3 感烟式火灾探测器实物图

6.2.1.3 感光式火灾探测器

物体在燃烧时，火焰会辐射出红外线和紫外线，通过监测红外光、紫外光可判断是否发生火灾。感光探测器适合在阴暗无光的环境中工作，阳光的照射和人们的日常生活都会对该类型火灾探测产生干扰。感光式火灾探测器现场图如图 6-4 所示。

图 6-4 感光式火灾探测器现场图

6.2.1.4 图像型火灾探测器

图像型火灾探测器是一种可观测普通影像并且能够利用红外线监测实现火灾监测功能的设备，可以实现较大空间火灾的探测，其利用了火焰中包含的可见光、红外线辐射特性，结合火焰的色谱特征、纹理特征及蔓延传播特征，得到视觉上可观测的火焰图像信息，典型设备如电荷耦合器件（Charge Coupled Device，CCD）相机、红外摄像仪。另外，也可使用卫星加载红外观测设备实现广域山火观测。图像型火灾探测器现场图如图 6–5 所示。

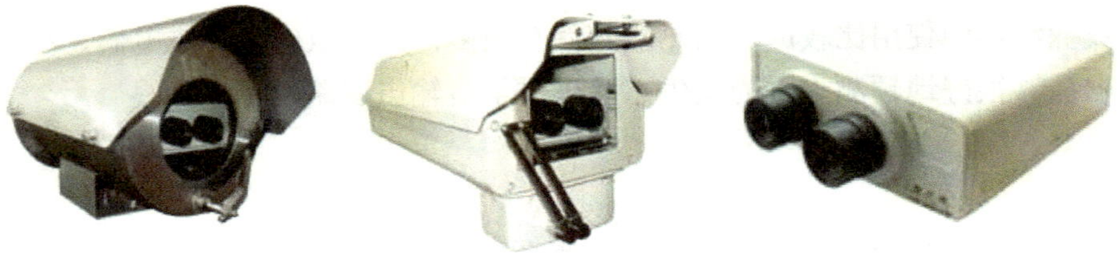

图 6–5　图像型火灾探测器现场图

6.2.1.5 燃烧音火灾探测器

物体燃烧时会产生空气膨胀与热气对流的现象，火源周围会出现低频域声音与超高频域声音，随着燃烧程度的不断加深，低频域声音会不断增大。燃烧音火灾探测器利用次声波传感器，对燃烧时高温加热周围空气使之膨胀而产生的位于次声波频段的燃烧音监测来探测火灾，是目前比较常见的一种火灾检测方法。

6.2.2 无线网络监测

架空输电线路分布于户外，且大量架空输电线路分布在公共移动信号较弱的山区，因此架空输电线路山火数据及时准确通信对于山火监测和预警具有重要作用，目前的数据传输方法包含公共移动网络、无线自组网、OPGW 传输等。

6.2.2.1 无线传感技术

基于各类监测终端和监测网络，通过散落在监测地带的传感器采集相关的山火监测数据进行信息处理，来判断是否有山火危险。利用无线传感网络与地理信息系统搭建高效合理的无线传感器网络，对传感器采集到的物理信息加以处理，通过计算机研究出科学经济的算法来合理布置传感器，使其在保证数据有效性的前提下实现经济型的数据采集。通过对采集到的数据以及周边的人为因素进行统一考量，对火灾的产生、发展形成合理的预测，实现对火灾的综合判断。

目前主要是采用烟雾传感器、视频辅助以及结合环境气象监测综合判断的方法对输电线路进行山火监测。国内输电线路山火在线监测的实际监测情况显示，烟雾传感器现场监测的效果欠佳，相对而言，红外摄像技术对山火的监测效果较好。以上技术方案都需要强大的电源供应以及可靠的数据传输作为保障。

6.2.2.2 卫星遥感技术

卫星遥感技术是目前国内外对山火监测的重要手段，采用卫星对关注区域进行扫描并获取卫星图像，同时利用图像处理的方式捕捉火源点，通过风力、风向、降雨、可燃物分布等影响因素判断火源的发展趋势。卫星遥感技术监测范围广、监测周期短、数据传输快。图 6–6 为卫星监测图像。

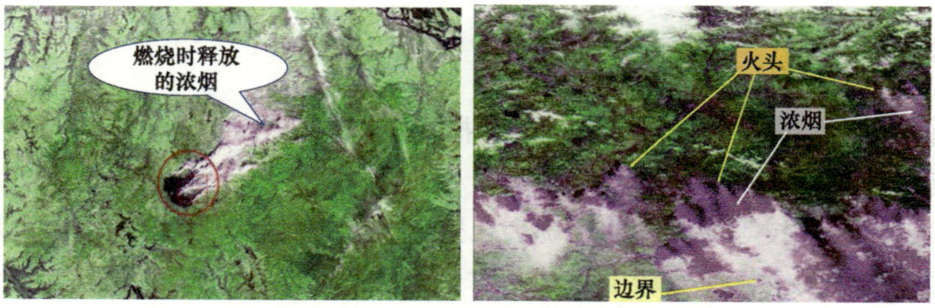

图 6–6 卫星监测图像

卫星遥感技术的工作过程为：系统及时获取卫星山火热点的 GPS 坐标和相关火情信息，并将其加载到输电 GIS 系统中，对山林热点附近区域的输电线路发出火险告警。卫星监测的基本原理：根据维恩位移定律，黑体温度 T 和辐射波长 λ_{max} 成反比，红外遥感通过识别物体辐射的波长来实现对物体温度的判断。

将红外探测仪安装在卫星或飞行器上，可以实现对地大面积的热点监测，遥感探火的传统算法大致可分为两类：① 适用于美国国家海洋大气管理局（National Oceanic and Atmospheric Administration，NOAA）/先进甚高分辨率辐射仪（Advanced Very High Resolution Radiometer，AVHRR）的算法，有固定阈值法、亮温植被指数法、上下文法；② 适用于对地观测系统（Earth Observation System，EOS）/中分辨率成像光谱仪（Moderate-resolution Imaging Spectroradiometer，MODIS）的算法，有绝对火点识别法、MODIS 上下文火点识别法、三通道合成法以及类间方差法。

气象卫星对地面线性物体的分辨率不高，星下的分辨率只能够达到 1.1km，但温度分辨率较为良好。NOAA 卫星双星交错运行，可 24h 对地面的同一个地区进行四次观测，通常用于森林与草原中火灾的检测、火点的定位等工作中。AVHRR 的辐射仪具有较高的分辨率，包含五个通道。

EOS 卫星由上午、下午卫星共同组成，靠近太阳同步极轨，是一种双星系统。MODIS 是搭载在 EOS 卫星上的一种光学探测设备，包含 36 个通道，可见光下的星下分辨率为 250～500m；红外光下的星下的分辨率为 505～1000m，能够较好地显示地貌甚至是地面物体，对森林火灾的监测能力极高。

NOAA/AVHRR、EOS/MODIS 具有监测速度快、监测面广泛的特征，可十分准确地推测出森林火灾的面积。EOS/MODIS 能够在森林火情监测工作中直接应用，并能够较好地监测地表的湿度与温度。

经过多年科研和实践，我国南方十省均采用卫星红外遥感技术对架空输电线路山火进行监测。中国南方电网云南电网有限责任公司已经建立了比较系统的输电线路在线监测平台，其输电线路山火在线监测系统采用卫星遥感数据与现场在线监测终端相结合的方式。以线路监测和山火监控为例，当卫星遥感监测到某个地区可能发生山火时，主界面将会在该点出现红色预警闪烁。能预览到的山火预警信息包括时间、经度、纬度以及具体受影响的线路和杆塔，信息可精确到每个杆塔的微气象、覆冰数据。此外，还可通过摄像终端观看到杆塔的实际图像，实现对输电线路的远程控制。

6.2.3 气象雷达山火监测

气象雷达山火监测系统由气象雷达（包括发射机、接收机）、服务器和手机客户端 APP 组成，系统拓扑图如图 6–7 所示。

发生山火时，树枝等易燃物的燃烧会在空气中产生大量烟雾和微小颗粒物，气象雷达系统以雷达为半径向空气中发送电磁波，对山火产生的颗粒进行扫描，电磁波遇到烟雾和微小颗粒发生反射，接收机接收反射回来的电磁波，服务器根据多普勒效应的频率差对发射波、接收波进行分析，测定山火点目标、方位等维度地理信息，同时将该信息发送到手机客户端 APP 中，通知护线员前往山火发生地查看火情，同时向上级领导汇报情况，实现及时对山火事故的应急指挥，系统流程图如图 6–8 所示。

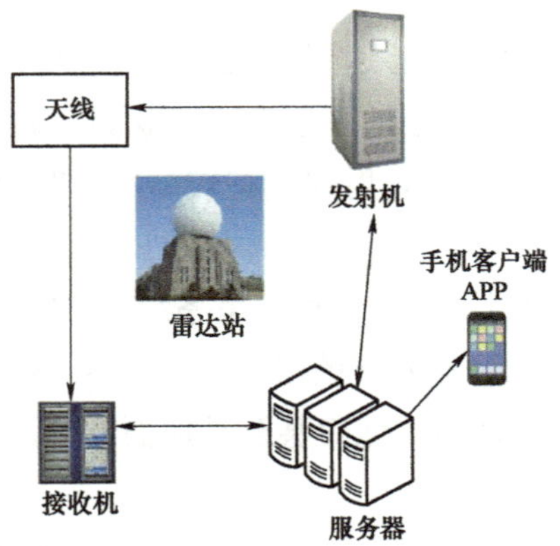

图 6–7　气象雷达山火监测系统拓扑图

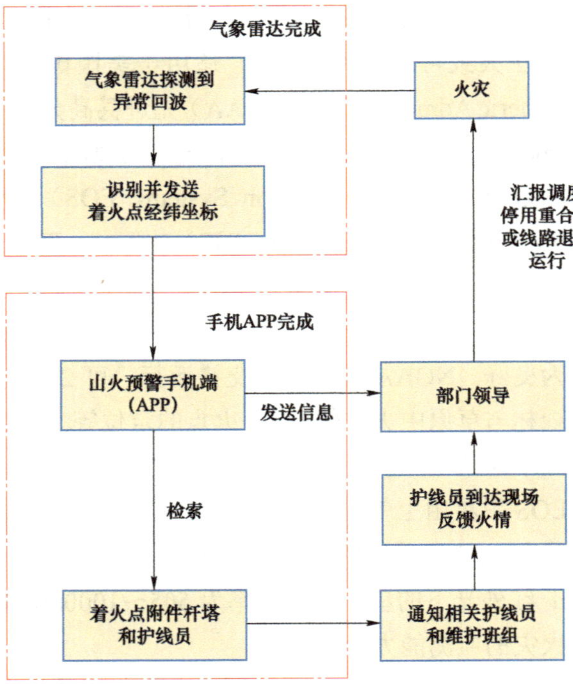

图 6–8　山火预警系统流程图

6.2.4 双目立体视觉山火监测

6.2.4.1 双目立体视觉成像原理

双目立体视觉是机器视觉的一种重要形式，通过摄像机成像原理利用两张二维平面图获得目标物位于现实世界下的位置。一般由双摄像机从不同角度同时获得被测物的两幅数字图像，或由单摄像机在不同时刻从不同角度获得被测物的两幅数字图像，根据双目视差原理在计算机系统中计算出该场景中的三维数据信息，最后利用这些数据在计算机中呈现现实场景物体的三维轮廓及位置。

6.2.4.2 双目立体视觉山火监测方案

基于双目视觉定位模型，利用输电线路山火监测装置的可见光、红外双波段摄像仪，可实现山火相对输电线路的精准定位，使分布式山火监测装置自动判定输电线路山火危害等级。应用图像处理工具按以下检测方案进行处理：

（1）从输电线路通道的监控视频中提取多帧图像。

（2）对提取出的图像进行形态学滤波、去噪声处理。

（3）利用图像间的运动分析方法捕捉图像中的运动物体。

（4）对捕捉到的运动物体进行特征判别，逐步提取颜色，运动特性，面积变化率，闪烁频率和尖角特性，根据这 5 种特征来确定是否为山火，并且根据提取运动物体的边缘轮廓，得到山火发生的大小和走势。

（5）利用双目视觉技术获取山火的位置信息，测得输电线路监控点到山火的距离，具体流程如图 6–9 所示。

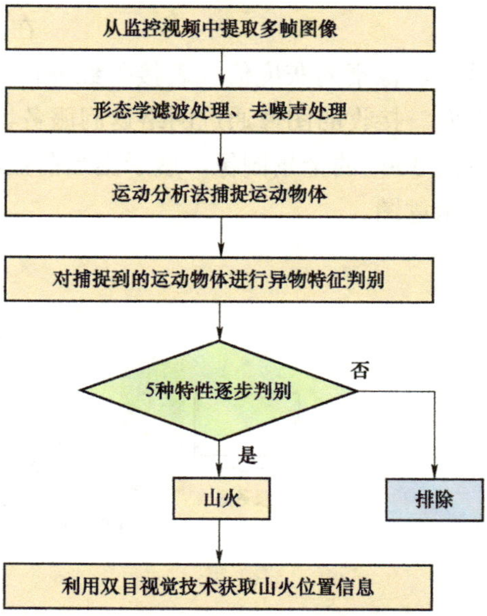

图 6–9 双目视觉山火检测流程图

双目视觉测量方法效率高、精度合适、系统结构简单、成本低。将双目视觉技术与图像处理技术相结合，应用于视频监控系统，可对闯入输电线路通道内的异物进行特征判别。

双目视觉技术结合山火的特征，可判别是否有山火发生；测得发生山火点的深度信息，准确地判断发生山火的位置，判断是否会对输电线路造成直接的影响，并及时有效地发出预警。

双目视觉技术应用于输电线路通道的山火灾害预测预警平台中，结合输电线路的监控系统，可帮助电网运维人员实现输电线路的维护；当监控系统发现有山火发生，但发生山火点距离输电线路较远时，也可为消防部门提供相关信息支撑。

6.2.5 红外山火监测

一切温度高于绝对零度的物体都在不停向周围空间发出红外辐射能量。物体红外辐射能力的大小及其按波长的分布与它的表面温度有着十分密切的关系。因此，通过测量物体自身辐射的红外能量，便能准确地测定它的表面温度，这就是红外测温所依据的客观基础。

利用红外线对温度敏感的特性，采用被动式红外面阵传感器对大自然中的存在的红外线进行感应。如果周围发生山火，环境中红外线的强度和波长就会明显改变，可以利用后台分析软件对其严重程度和发展趋势进行判断。

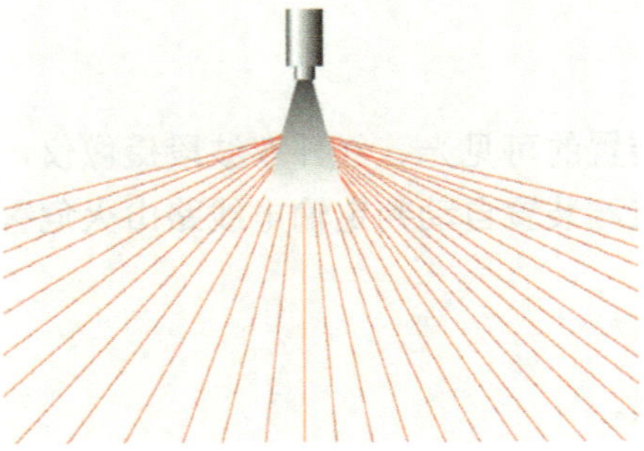

图 6-10 红外线传感装置示意图

当山火发生时，局部区域温度陡升，该区域中辐射的红外光在强度上发生改变，温度越高则物体辐射出的红外线越强，此时监测装置通过使用锥形光学反射器将来自外界的红外线全部折射到红外传感器中，如图 6-10 所示。

红外传感器的感光镜头向下，正对锥形光学反射器，反射器将周围 360° 范围的热辐射信号折射到传感器的感光面上。整个传感器安装在铁塔的横担上，保证感应红外光范围达到最佳。不同强度的红外光照射在光敏元上会产生大小不同的电荷，形成相应的数字信号，以像素的灰度值代表接收红外信号的强弱生成灰度图，并记录每一个红外信号的入射方向。接收的图像通过网络返回服务器端，通过后台软件解析绘制出以装置为中心 2km 范围内 360° 的全景图像，展示出当前监测区域内的所有热源活动情况。图 6-11 为系统的工作示意图。

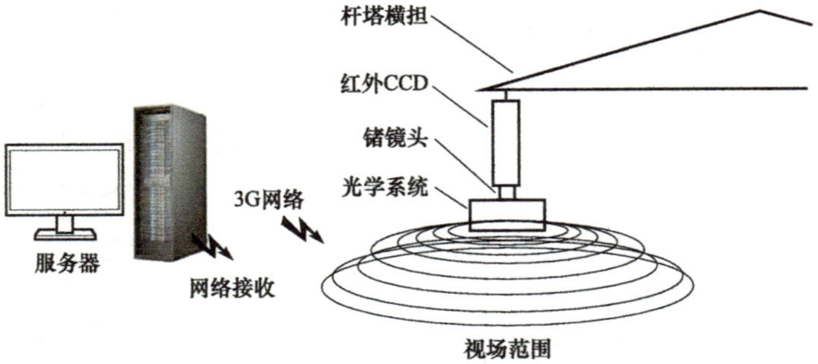

图 6-11 整个系统工作示意图

红外山火监测系统不受风、雾、烟等外界影响，可 24h 不间断对 2km 范围内区域进行监测，将红外终端所监测到的实时视频图像通过无线网络上传回远端服务器，能够实时接收和保存所有回传的图片数据，并融合火势识别的图像处理算法，在人机界面上实时展示监控点的状态信息，如是否发生山火、火点的具体位置等。监测系统可以对输电走廊的山火灾情进行预警和定位，对灾情给输电线路可能造成的影响作出估计，在紧急情况下发出报警信号，给电力部门提供辅助决策，尽可能减少灾情对电网的影响。

6.3 山火预警及灭火

6.3.1 山火预警

为实现对山火的准确预警，需要对各地山火的历史情况进行统计，进而确定相应的预警级别。预警级别及含义如表 6-1 所示。

表 6-1　　山火预警级别及含义

级别	含　义
一级	无危险区，表示山火发生可能性极小，对架空输电线路安全运行无危胁的地区
二级	低危险区，表示山火发生可能性极小，但对架空输电线路安全运行存在威胁的地区
三级	较危险区，表示发生山火次数较多，对架空输电线路安全运行威胁较大的地区
四级	危险区，表示发生山火次数多，对架空输电线路安全运行威胁很大的地区
五级	高危险区，表示发生山火次数极多，对架空输电线路安全运行威胁极大的地区

由于架空输电线路的分布错综复杂，需要进行大范围的实时监测，且山火受人为因素的影响极大。为了实现架空线路山火的精细化预测，需要将预测区域网格细化，提高预测空间分辨率。

同时考虑卫星监测热点要素、工农业用火要素与架空线路山火隐患点要素同气象要素一起建立的“四要素”山火时空预警方法可同时对多个地区、多个时间段的架空输电线路山火发生趋势进行预警。

山火发生时的火环境以及可燃物的易燃程度都与气象因素息息相关，因此应综合考虑气象因素如降水量、气温、风力风速等对可燃物和环境造成的影响。如采集各气象站点的历史降水量数据，求取监测区域内的日均降水量，根据日均降水量的大小可对预警时间段的降水级别实现可靠划分。通过对气象因素的整体分析，为判断山火发生趋势提供有力帮助。

根据卫星监测热点数，按时间区段（如按月、按节气）计算目标区域的热点数目，并由目标区域面积、时间段天数计算出各时间段目标区域日均热点密度。根据不同区段和不同区域的历史信息，对卫星监控范围内的山火发生概率进行统计，对不同区域内的各时间段实现提前预警。

根据不同预警区域的工农业用火习惯，如清明节、春耕、秋收、春节等野外用火高峰期，对用火等级进行合理划分。其中，野外用火少指的是非高发期；用火较多指的是春耕、秋收等农业用火高峰期；用火多指的是春节及其他庆祝用火较多的节日；用火极多指的是清明节、冬至等祭祀用火多的节日。

为使预警更精细，在发布预警时，还应结合线路山火隐患点，指出预警区内存在山火隐患的杆塔或区段，针对隐患类型提出具体防范措施。例如，针对同时存在坟地及易燃植被的隐患点，提醒某杆塔注意防范上坟祭祖引发的山火；针对烧荒高发区，同时又存在易燃植被的隐患点，提醒在春耕秋收时段注重防范烧荒引发山火等。

6.3.2 灭火装备

6.3.2.1 手持式装备

利用手持工具灭火是山火灭火技术中最简便、最常见的灭火方式。常用的灭火工具包括背负式水枪（用于清理余火以及低强度的地表火）、铁锹（用于铲土来掩埋隐火）、锄头（用于开挖生土带）、尖镐（用于开沟灭地下火）、油锯（用于清理火场以及设立隔离带）以及灭火耙（用于耙灭可燃物）等，灭火耙现场灭火如图 6－12 所示。

图 6－12 灭火耙现场灭火

6.3.2.2 消防直升机

消防直升机是消防航空技术核心装备，具有垂直起降、空中悬停等独特性能，采用机载水桶、干粉箱以空投的方式对火灾区域进行灭火。直升机参与灭火的反应速度快，且在空旷领域的灭火剂覆盖面积广，对大面积火灾有快速抑制作用。在药剂使用完后，直升机还可以快速补水或补充其他灭火药剂，用于高空灭火和空中运输。

6.3.2.3 风力灭火枪和风力灭火车

风力灭火机和风力灭火车用高速强制气流吹散燃烧物产生的火苗和热量，以气流隔断火苗与燃烧物，破坏其继续燃烧的条件，直至燃烧物表面温度降到燃点以下，从而达到灭火的目的，适用扑打幼林或次生林火灾、草原火灾和荒山草坡火灾。

6.3.3 灭火技术

6.3.3.1 水灭火技术

水具有较高的比热容，在升温和汽化时能吸收大量的热量，汽化成水蒸气后可以有效地稀释燃烧区域内的可燃气体及氧气浓度。水比较容易获取，是目前最常用的自然灭火剂，

图 6–13 为灭火水枪现场灭火图。

图 6–13 灭火水枪现场灭火图

人工降雨也属于一种灭火技术，适用于持续时间长，燃烧面积广的火灾情况，同时也可以降低大面积范围的火险等级。但是人工降雨对积雨云的覆盖面积和含水程度均有较高的要求，受自然条件影响大。

6.3.3.2 爆破灭火技术

爆破灭火技术是利用灭火弹或炸药爆炸产生的巨大的冲击波和炸开抛射出的生土灭火，典型设备如图 6–14 所示。

灭火弹主要用于减弱中高强度火灾的火势，这种方法仅能控制火势，并不能彻底灭火，且存在一定危险性。索状炸药主要用于在不同的地质状况下快速的设立隔离带，且爆炸产生的冲击波以及炸开的生土也有助于山火灭火。

图 6–14 灭火弹

6.3.3.3 灭火液技术

灭火液工作原理如图 6–15 所示。灭火液遇热分解产生大量的氨气、二氧化碳和水蒸气，带走大量的热量并隔绝空气，迅速降温，在燃烧物表面形成致密盐层，提高燃点，从根本上阻止复燃。

随着技术的进步，为了达到更好的灭火效果，扑救山火时会同时采用多种技术，如便携式高压细水雾灭火器、爆炸水雾灭火弹等。

便携式高压细水雾灭火器（图 6–16）利用高压水泵将灭火液和水的混合液通过细水雾喷头后产生的细小雾滴进行灭火，雾滴平均直径小于 1mm，表面积大，空间分布密度高，遇火焰高温后迅速汽化膨胀，使保护区的氧浓度大为降低，并吸收大量热量，具有很强的汽化降温作用，可达到迅速灭火的目的，且耗水量低。配合降温防复燃灭火液，可以成倍提高灭火效果，防止复燃。

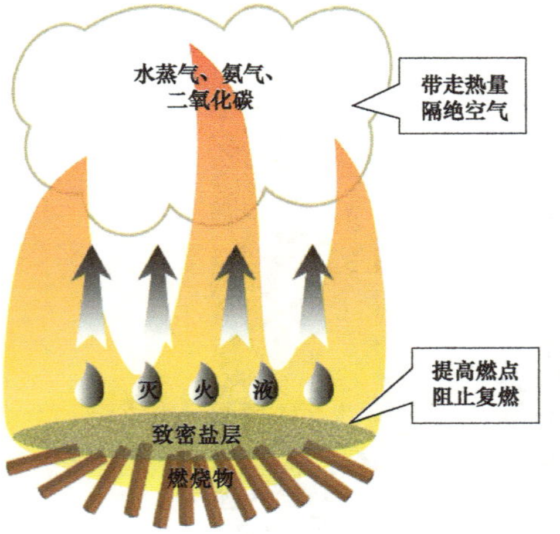

图 6-15　灭火液技术原理

图 6-16　高压细水雾灭火机

爆炸水雾灭火弹爆炸时会产生大量的水雾，雾滴的直径基本集中在 0.15～1.05mm，雾滴可以迅速汽化吸收大量热量，并使燃烧区域内的氧气浓度降低。弹体的外壳选择碳纤维复合材料，不仅能使水雾的产生更为均匀，爆炸产生的冲击波也更为巨大，材料本身不产生伤害灭火人员的爆炸破片，提高了安全性。水雾中的消焰剂也会有效遏制山火火灾中的火势，为灭火提供帮助。

6.3.4　山火火情处理

6.3.4.1　山火监测

山火监测工作指监测预警中心开展山火卫星监测值班、卫星数据接收、热点数据分析与判识等工作。

（1）监测值班。监测预警中心每日开展山火卫星监测，在山火高发期时开展 24h 山火卫星监测值班。卫星接收装置如图 6-17 所示。值班人员通过输电线路山火卫星监测系统对山火高发的输电线路进行实时监测，如图 6-18 所示。监控中心通过客户访问端或山火监测子站系统开展相应值班工作。

图 6-17　卫星接收装置

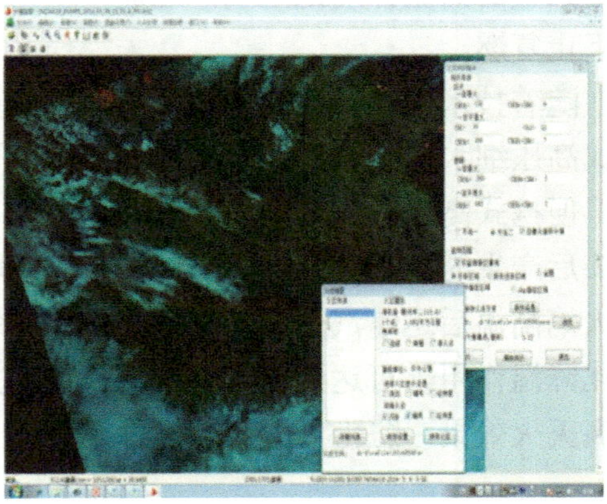

图 6-18　山火卫星监测信息接收

监测预警中心对卫星监测系统实时监测到的火点进行告警计算，并发布火点对线路的告警信息图。运维人员通过客户端查看告警信息。图 6–19 为火点告警的列表显示。山火热点告警级别按判定分为：

一级告警：山火热点与线路距离小于或等于 500m。

二级告警：山火热点与线路距离大于 500m，且小于或等于 1000m。

三级告警：山火热点与线路距离大于 1000m，且小于或等于 3000m。

不发告警：山火热点与线路距离大于 3000m。

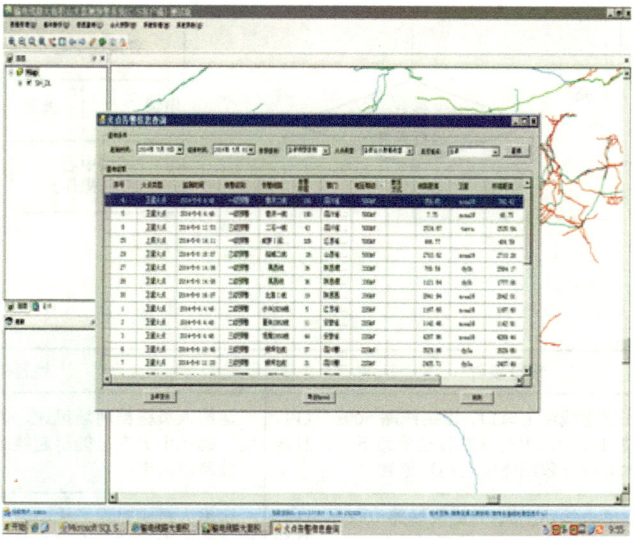

图 6–19　火点告警列表显示

6.3.4.2　火情报送机制

建立运维单位与林业、消防等政府部门之间的火情共享机制，收集山火信息，将巡视、蹲守、图像或视频监控系统发现的火情信息第一时间向当地森林防火值班室和消防部门汇报。

6.3.4.3　火情处理机制

（1）信息研判。运维单位对现场山火信息进行研判，对可能危及线路安全的山火信息向本级调控中心汇报或提出交流线路退出重合闸、直流线路降压运行、线路停运等申请，并继续跟踪，及时汇报现场火势情况。以直流线路降压运行为例，图 6–20 为直流线路申请降压流程图，输电线路山火现场预警达到二级，且山火发展较快并向线路方向蔓延，运维单位向调控中心汇报提出降压运行。

（2）线路预警。运维单位根据电网山火预警，结合线路火点位置、燃烧面积、风速风向、线下植被等现场情况，判定山火对线路运行的影响，确定线路山火预警等级。

（3）处置原则。运维单位根据线路预警等级开展相应的处置工作。输电线路山火预警条件及处置原则如表 6–2 所示。

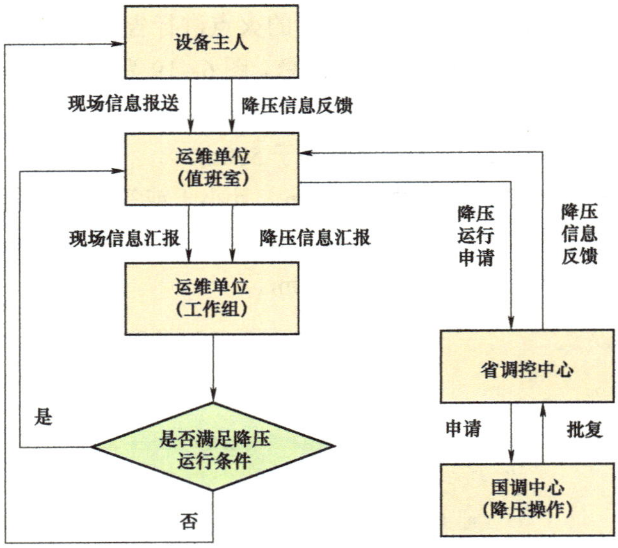

图 6-20　直流线路申请降压流程图

表 6-2　　输电线路山火预警等级及处置原则

等级	预警条件	处置原则
一级线路山火预警	山火发生在输电线路上风口，距离线路 500m 以内，线路附近植被可引起山火迅速蔓延至线路下方，且线路下方有树木等可导致线路跳闸的可燃物	运维人员根据现场风速、风向及火势情况进行综合判断，确认山火有可能引起线路跳闸时，应向调控中心提出线路停运申请
二级线路山火预警	山火发生在输电线路上风口，距离线路 1000m 以内，线路附近植被可引起山火迅速蔓延至线路下方，且线路下方有树木等可导致线路跳闸的可燃物	运维人员应对现场火势情况进行观察，当发现山火发展较快并向线路方向蔓延时，应向调控中心提出退出重合闸（交流线路）或降压至 70%运行（直流线路）申请
三级线路山火预警	山火发生在输电线路上风口，距离线路 3000m 以内，线路附近植被可引起山火迅速蔓延至线路下方，且线路下方有树木等可导致线路跳闸的可燃物	运维人员应继续跟踪和及时汇报现场火势情况

6.3.4.4　初发山火灭火

运维单位组织初发或小型山火现场处置，主要采取以下措施：

图 6-21　防山火蔓延隔离带砍伐现场图

（1）砍伐隔离带。运维班组在线路靠近山火侧迅速砍伐防火隔离带，确保隔离带与线路的距离和宽度，如图 6-21 所示。

（2）初发山火扑救。运维班组在做好安全防护措施并确保安全的前提下，使用灭火装备，按照灭火标准化作业流程开展初发山火灭火。参与灭火的人员必须经过灭火技能培训并合格，熟练掌握灭火装备使用，清楚火场危险点和安全注意事项，图 6-22 和图 6-23 分别为灭火人员使用细水雾灭火机和灭火枪灭火。

图 6-22 使用细水雾灭火机灭火

图 6-23 使用灭风枪灭火

6.3.4.5 大火灭火

（1）请求政府灭火。对于以下情形的山火，运维单位不得自行组织灭火，只能在地方政府统一组织下利用灭火装备参与灭火。火场燃烧面积大于 $500m^2$；火场燃烧面积大于 $200m^2$ 且最高火焰高度超过 2.5m；火场燃烧面积大于 $100m^2$ 且风力大于 4 级；火场为陡坡、山峰、大坑、没有畅通的撤离通道或不明地形等，可能威胁灭火人员人身安全。

（2）政企联动灭火。运维单位在地方政府统一组织下利用灭火装备参与灭火，并向主管部门上报灭火信息。

参与灭火的人员必须经过灭火技能培训并合格，熟练掌握灭火装备使用，清楚火场危险点和安全注意事项。在政府和专业消防人员的组织和指挥下，以确保安全为前提，使用灭火装备，按照灭火标准化作业流程参与现场灭火，发生火灾时主动向森林消防及护林队求援，图 6-24 和图 6-25 分别为森林消防和护林防火巡逻场景。

图 6-24 森林消防图

图 6-25 护林防火巡逻

6.3.4.6 线路恢复

当线路周边 500m 范围内明火被扑灭，30min 以上无复燃、无浓烟，主风向背离线路方向，或者火情向远离线路方向发展，距线路 1000m 以上距离，无回燃可能，检查线路绝缘子、导地线、光缆等设备，确认无损伤且不影响线路正常运行时，运维单位解除线路山火预警，并向调控中心汇报申请线路恢复正常运行。

线路恢复正常运行后，运维班组持续监控至线路周边无火情发生，方可撤离现场。

7 工 程 案 例

7.1 水喷雾灭火系统工程应用

7.1.1 适用范围

水喷雾灭火系统使用分为两个方面，控火灭火和冷却防护。控火灭火时，它可用于控制固体火灾和闪点高于 600℃的液体火灾及电气火灾的发生与发展。在可燃气体和甲、乙、丙类液体的生产、储存装置或装卸设施中，水喷雾灭火系统起到防护冷却的作用。

水喷雾灭火系统可以应用于变电站变压器（换流变压器）、电抗器、电缆隧道、控制中心、电信机房、高低压配电室等户内外消防。

7.1.2 系统组成

变压器水喷雾灭火系统主要由消防供水系统、雨淋阀组、配水管道、水雾喷头及火灾探测装置等组成，如图 7-1 所示。系统保护范围包括扣除底面以外的变压器外表面，储油柜、冷却器的外表面以及集油坑的平面。

（1）消防供水系统。变压器水喷雾灭火系统的消防供水依托变电站的消防供水系统，通常采用常高压给水系统、带屋顶水箱的临时高压给水系统或带稳压及压力监测控制装置的临时高压给水系统（也称稳高压给水系统）。稳高压给水系统已逐步得到消防部门认可，使用日趋广泛。该系统一般配备 1 套 100%电动消防泵，1 套 100%柴油机消防泵，2 套 100%稳压泵（1 用 1 备），配备 1 套稳压罐。在压力下降时，稳压泵启动，保持消防管网压力稳定。平时稳压泵运行，当发生火灾时消防管网中的压力下降，联动消防主泵启动。消防主泵也可由消防控制中心直接启动。柴油泵作为备用泵，当电厂失电时启动。

（2）雨淋阀组。雨淋阀组的核心部件为雨淋报警阀，并配套设置压力表、压力开关、供水控制阀和试验阀等，以满足检测水喷雾灭火系统的供水压力、显示雨淋阀启闭状态和便于维护检查等要求。为保证雨淋阀组正常工作，阀组通常设置在环境温度不低 4℃的室内，同时为使人员迅速实施应急操作及时启动系统和保障人员安全，要将阀组设置在既靠近保护对象又便于操作的地方。

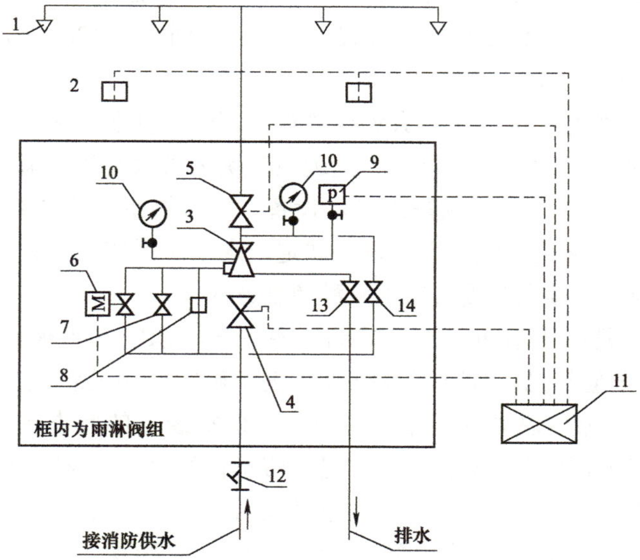

图 7-1 水喷雾系统示意图

1—水雾喷头；2—缆式线型感温探测器；3—雨淋报警阀；4—信号阀；5—实验信号阀；
6—电磁阀；7—手动开启阀；8—非电控远程手动装置；9—压力开关；10—压力表；
11—火灾报警控制器；12—过滤器；13—泄水阀；14—实验放水阀

（3）配水管道。通常变电站的消防给水管道采用内壁不防腐的钢管，因此在该管段接雨淋阀组之前应设置过滤器。过滤器之后的配水管道应采用内外壁热镀锌钢管，采用卡箍或丝扣连接。管道直径须经水力计算后确定，以确保既合理又经济。为尽量均衡各喷头的压力，配水干管在变压器主体外分层设成环状，通常分 3 层布置对系统更有利。

（4）水雾喷头。水雾喷头分为离心雾化型和撞击雾化型。离心雾化型水雾喷头的喷射速度高，水雾滴细而不连续，可用来扑灭电气设备和可燃液体火灾。撞击雾化型水雾喷头水雾流速较低，只能用来保护闪点在 60～66℃的可燃液体、气体和固体危险区域。变压器火灾水雾喷头应选用离心雾化型。

（5）火灾探测装置。火灾的信号探测有闭式喷头探测和缆式线型感温探测器等方式。闭式喷头探测应用于传动管启动的水喷雾系统，会造成连续洒水，严重危害电气设备，寒冷地区还存在冬季防冻问题。缆式线型感温探测器对环境气候恶劣的场所有很强的适用性，对迅速膨胀的热气流反应速度快，安装方便，可靠性高，信号传输距离远。在变压器的火灾探测中，应选用缆式线型感温探测器。

7.1.3 工程案例

水喷雾系统是变压器使用最为广泛的消防系统，GB 50016—2014《建筑设计防火规范》8.3.8 规定：单台容量 125MVA 及以上的独立变电站油浸式变压器，应设置自动灭火系统，且宜采用水喷雾灭火系统。变压器油的闪点一般在 130℃左右，水喷雾系统有良好的灭火效果。

GB 500219—2014《水喷雾灭火系统技术规范》6.0.1 规定，水喷雾灭火系统应设有自动控制、手动控制和应急操作三种控制方式，当响应时间大于 120s 时，可采用手动控制和应急机械启动两种控制方式。

自动控制是指水喷雾灭火系统的火灾探测报警部分与供水设备、雨淋阀组等部件自动连锁操作的控制方式；手动控制是指为人为远距离操纵供水设备、雨淋阀组等系统组件的控制方式；应急操作是指人为现场操纵供水设备、雨淋阀组等系统组件的控制方式。GB 500219—2014《水喷雾灭火系统技术规范》规定当水喷雾系统用于灭火时，系统的响应时间不应大于 45s，因此必须同时设有以上三种控制方式。

图 7–2 为基于稳高压消防给水系统的油浸变压器水喷雾灭火系统控制原理图。当变压器起火后，为安全起见，水喷雾系统应在设备确实断电的情况下进行喷雾灭火。因此，变压器的控制系统必须对变压器的各个监测保护装置的状态进行相应的巡回检测。为了防止保护正确动作而断路器拒动，引起对带电的事故变压器喷雾，在控制程序中增加变压器两侧开关分闸的信号，在该信号触发控制系统后再启动电磁阀。变压器后备保护的动作时间和越级动作的时间仅为几秒钟，能确保水喷雾系统的响应时间不大于 45s。

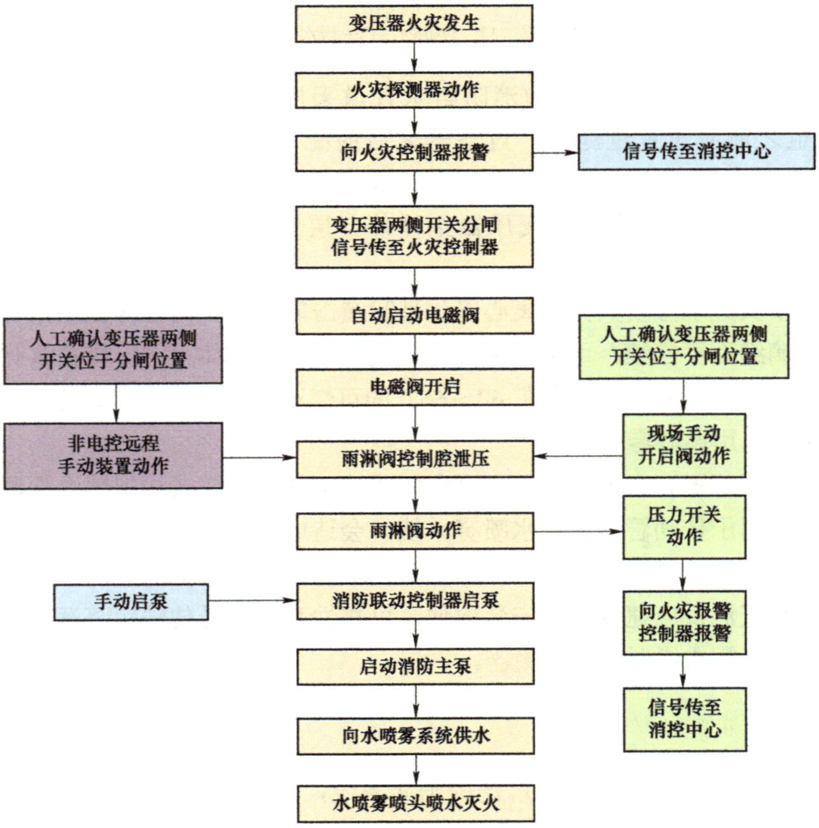

图 7–2　水喷雾灭火系统控制原理

7.2 变压器泡沫喷雾灭火系统工程应用

7.2.1 综述

某 220kV 变电站主变压器装有泡沫喷雾灭火系统，该系统主要由泡沫罐、氮气瓶、电磁阀、减压阀、水雾喷头、压力表及管道等组成，其原理是在水中添加一定比例的高效合成型阻燃灭火剂，结合水雾灭火和泡沫灭火的特点，在一定的压力作用下通过专用的喷头，将灭火剂喷射覆盖在保护对象上，借助泡沫的冷却、窒息、乳化和隔离等综合作用，实现迅速灭火的目的。

泡沫喷雾系统有两种：① 由压缩氮气驱动储罐内的泡沫预混液，经泡沫喷雾喷头喷洒泡沫到防护区；② 由压力水通过泡沫比例混合器输送泡沫混合液，经泡沫喷雾喷头喷洒泡沫到防护区。在变电站室采用压缩氮气驱动的泡沫喷雾灭火系统，系统不需要消防水池，结构简单、安全、可靠、维护方便。

泡沫喷雾灭火系统有以下几个优点：

（1）设计简单。泡沫喷雾灭火系统的泡沫喷雾喷头布置是以保护对象的水平投影面积计算，计算简单。

（2）消防用水量少。泡沫喷雾灭火系统泡沫设计供给强度大约为水喷雾灭火系统的五分之一。

（3）系统的安装、操作、以及售后维修简单，需要的资金少。泡沫喷雾灭火系统是指将高效合成型泡沫灭火剂储存于储液罐中；当出现火灾时，通过火灾自动报警联动控制或手动控制；在高压氮气驱动下，推动储液罐内的合成型泡沫灭火剂；通过管道和水雾喷头后，将泡沫灭火剂喷射到保护对象上；迅速冷却保护对象表面并产生一层阻燃薄膜，隔离保护对象和空气，使之迅速灭火的灭火系统。该灭火系统吸收了水喷雾灭火系统和泡沫灭火系统的特点，实际上它与细水雾灭火系统相类似，只不过采用的灭火剂不同而已。由于泡沫喷雾灭火系统是采用储存在钢瓶内的氮气直接启动储液罐内的灭火剂，经管道和喷头喷出实施灭火，故其同时具有水雾灭火系统和泡沫灭火系统的冷却、窒息、乳化、隔离等灭火机理，整个灭火系统设备简单、布置紧凑。

7.2.2 系统设计

泡沫喷雾灭火系统保护变电站的油浸电力变压器时，泡沫喷雾的系统图和工作原理分别如图 7–3 和图 7–4 所示，主要性能和参数如表 7–1 所示。

系统设计应符合下列规定：

（1）保护面积应按变压器油箱本体水平投影且四周外延 1m 计算确定。

（2）泡沫预混液供给强度不应小于 8L/（min • m^2）。

（3）泡沫预混液连续供给时间不应小于 15min。

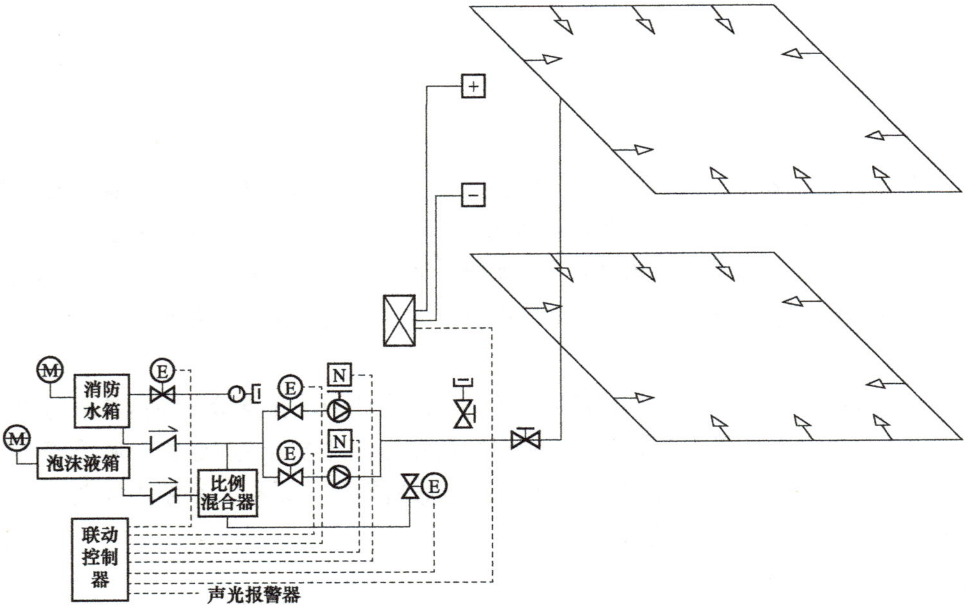

图 7-3　泡沫水喷雾系统图

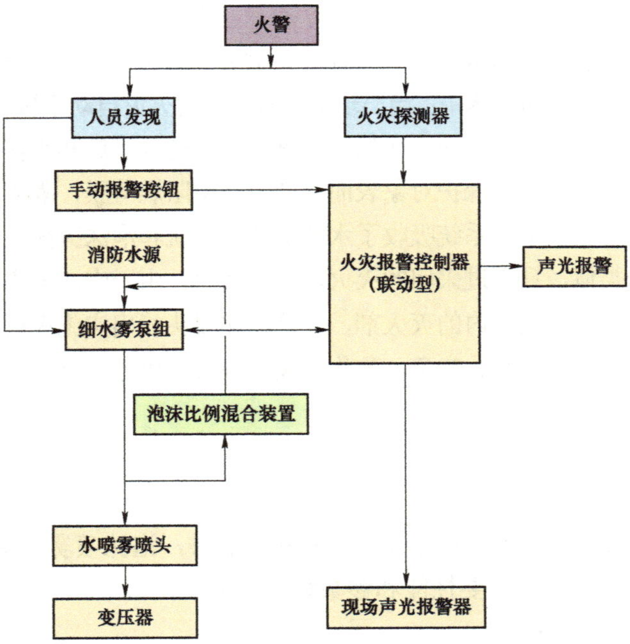

图 7-4　泡沫水喷雾系统工作原理

表 7-1 主要性能和参数

泡沫混合液流量可选范围（L/s）	4～32、16～64、24～80、40～100
混合器进口工作压力可选范围（MPa）	0.60～1.20
混合比（%）	3 或 6
贮液罐储量可选范围（L）	1000～10 000
混合器进出口压力损失（%）	≤15
装置进出口通径（mm）	ϕ80、ϕ100、ϕ125、ϕ150
装置贮存环境温度（℃）	0～40

（4）喷头的设置应使泡沫覆盖变压器油箱顶面，且每个变压器进出线绝缘套管升高座孔口应设置专门的喷头覆盖。

（5）覆盖绝缘子升高座孔口喷头的雾化角宜为 60°，其他喷头的雾化角不应大于 90°。

（6）所用泡沫灭火剂的灭火性能级别应为I级，抗烧水平不应低于 C 级。

（7）系统喷头、管道与电气设备带电（裸露）部分的安全净距应符合国家现行有关标准的规定。

（8）系统应设自动、手动和应急机械启动三种启动方式。在自动控制状态下，灭火系统的响应时间不应大于 60s。与泡沫喷雾系统联动的火灾自动报警系统的设计应符合现行国家标准 GB 50116—2013《火灾自动报警系统设计规范》的有关规定。

（9）系统的储液罐、动力瓶组、驱动装置、减压装置应安装在专用设备间内。设备间的室内温度应保持在 0℃以上；其消防安全应符合国家现行标准的有关要求。

（10）系统湿式供液管道应选用不锈钢管；干式供液管道可选用热镀锌钢管。

7.2.3 系统组成

泡沫喷雾灭火系统主要由带胶囊的泡沫液储罐和泡沫比例混合器、进水管路、出液管路、排气管路、位标和排液管路等组成。每个管路均装有阀门（手动）。比例混合器安装在罐体侧面，进水、出液两管路使罐体与混合器连通，在进水管路和排气管路上还安装有安全阀和压力表。

排液管路、进水管路、出液管路、排气管路可构成一个完整的清洗环路，能用清水对罐体、出液管路、比例混合器进行全面的清洗，清除泡沫液储罐和管路内的污物杂质。

该装置上的安全阀是保证当储罐内压力超过最大工作压力的 1.05～1.1 倍时打开泄压，当储罐内压力下降至工作压力时，安全阀关闭，起到保护泡沫储罐的作用。

卧式隔囊型泡沫比例混合装置，在储罐内装有高强度橡胶胶囊，胶囊把泡沫液和水完全隔开。其工作原理是由水和泡沫液等量置换如图 7-5 所示。每次使用可提供按比例准确混合的（3%或 6%）混合液，使用后剩余泡沫液仍可继续留用，因此可最大限度地节约泡沫液，降低消防成本。

如图 7－6 所示，当系统工作时，压力水源通过进水管，由进水阀向储罐充水，挤压胶囊置换出泡沫液在比例混合器中与水按比例混合成低倍数泡沫混合液，由出口输送出去。

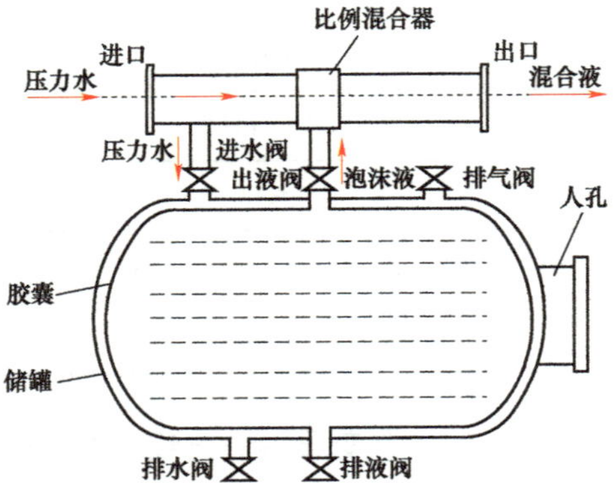

图 7－5　低倍数泡沫比例混合装置工作原理

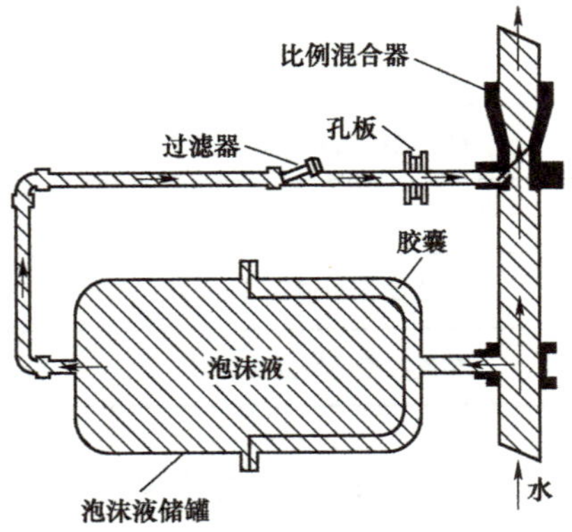

图 7－6　泡沫比例混合装置工作原理示意

7.3　变压器排油注氮装置工程应用

对于变压器排油注氮装置设计与施工可以按照 CECS 187—2005《油浸变压器排油注氮装置技术规程》规定实施，对于其中未涉及的断流阀动作流量、动作时间、充氮搅拌时间等技术参数，可按灭火系统和耐火构件质量监督检验中心的检验及当地消防部门认可的生产厂家的参数。

7.3.1　综述

某变电站变压器装有 TNF 系列排油注氮装置。当变压器发生火灾时，装置如处于自动运行状态（即控制单元触摸屏面板上的运行状态处于自动状态），则在接收到重瓦斯动作信号及温感火灾探测器动作信号后立即启动；装置如处于手动运行状态（即控制单元上触摸屏面板的运行状态处于手动状态），则在观察到火灾时，按控制单元触摸屏面板上的手动启动按钮后立即启动。

装置启动后，首先快速将排油阀打开使变压器油箱顶部部分热油通过排油管排出，释放压力，防止二次燃爆；同时断流阀关闭切断储油柜至油箱的补油回路，防止“火上浇油”；排油数秒后，充氮阀打开使氮气从油箱底部注入搅拌，强制热冷油的混合，进行热交换，使油温降至闪点以下，同时充分稀释空气中的含氧量，达到迅速灭火的目的。最后连续充氮 10min 以上，使变压器充分冷却，防止复燃。装置性能特点如下：

（1）集火灾探测、报警、灭火系统于一身，装置启动后可立即灭火，防止火灾蔓延及复燃。

（2）缩小火灾的损失范围（避免了水或含水介质对变压器造成的二次损坏）。

（3）火灾时排去变压器顶部部分热油，防止二次燃爆，同时切断储油柜油路，防止“火上浇油”。

（4）占地面积少，土建工作量小，结构紧凑，易于设计、选址及安装。

（5）无需水源，不受地理条件限制，不污染环境。

（6）既可用于室内，也可用于室外。

（7）灭火介质价廉易采购。

（8）运行维护方便，可靠性好，简易实用。

（9）能利用通信功能实现状态信号的远距离传输，达到远程监控的目的。

7.3.2 系统设计

（1）主要技术指标：充氮开始至灭火时间小于60s；连续充氮搅拌时间为10～30min。

（2）主要技术参数。

1）断流阀：公称通径为ϕ80mm；关闭流量为50～100L/min。

2）温感火灾探测器：动作温度为93℃或141℃；形式为感温式。

3）灭火柜：① TNF型外形尺寸（长×宽×高）为1000mm×500mm×1850mm；② TNF型重量：约430kg。

4）控制单元：① 柜式的外形尺寸（高×长×宽）为2300（2200）mm×800mm×600mm，可插装插箱式控制箱数 1～3 只。② 插箱式控制箱的外形尺寸（高×长×宽）为312mm×620mm×350mm。

7.3.3 系统组成

（1）排油注氮装置主要部件总体设置。排油注氮装置按变压器尺寸进行混凝土基础设计（灭火柜门应背对变压器），预埋导油管、电缆管及金属预埋件。灭火柜应安装在变压器排油出口一侧；室外安装，装于变压器油坑外（距油坑最远 9m）。管道就位后，灭火柜安装底框与金属预埋件之间焊接牢固；导油管通径（内径）分别为ϕ150mm。排油管安装：变压器油箱排油接口阀与油管排气组件，用法兰连接（排气塞向上），另一端用法兰与水平直管连接，拐弯处用90°弯头焊接，垂直管与柜体排油进口采用法兰式连接。

充氮管道与变压器、灭火柜、氮气分流组件、氮管排气组件均采用法兰式连接，接管弯头采用对焊；排气组件安装在充氮管最高处，排气塞朝上；分流组件的安装位置距变压器两充氮口的实际管道长度应基本相等；绕变压器布置的水平段管道应采用支架固定。

排油注氮装置主要设备包括：

1）温感火灾探测器：安装在变压器油箱顶部易着火部位，距离变压器顶盖面约170mm处，着火时发出火灾报警信号。

2）灭火柜：安装在变压器附近，是排油充氮的执行部件。

3）电气控制箱（柜）：安装控制室内，提供工作状态信号指示、报警信号输出及启动控制。

4）断流阀：安装在气体继电器与油枕之间的水平管道上，可在变压器油箱破裂溢油或发生火灾排油时自动切断补油通道。

排油注氮装置的总体布置如图 7–7 所示。图 7–8 为管道安装模型图。图 7–9 为管道走向示意图。图 7–10 为油管排气组件安装图。图 7–11 为补偿器及氮管排气组件。图 7–12 为断流阀安装位置图。

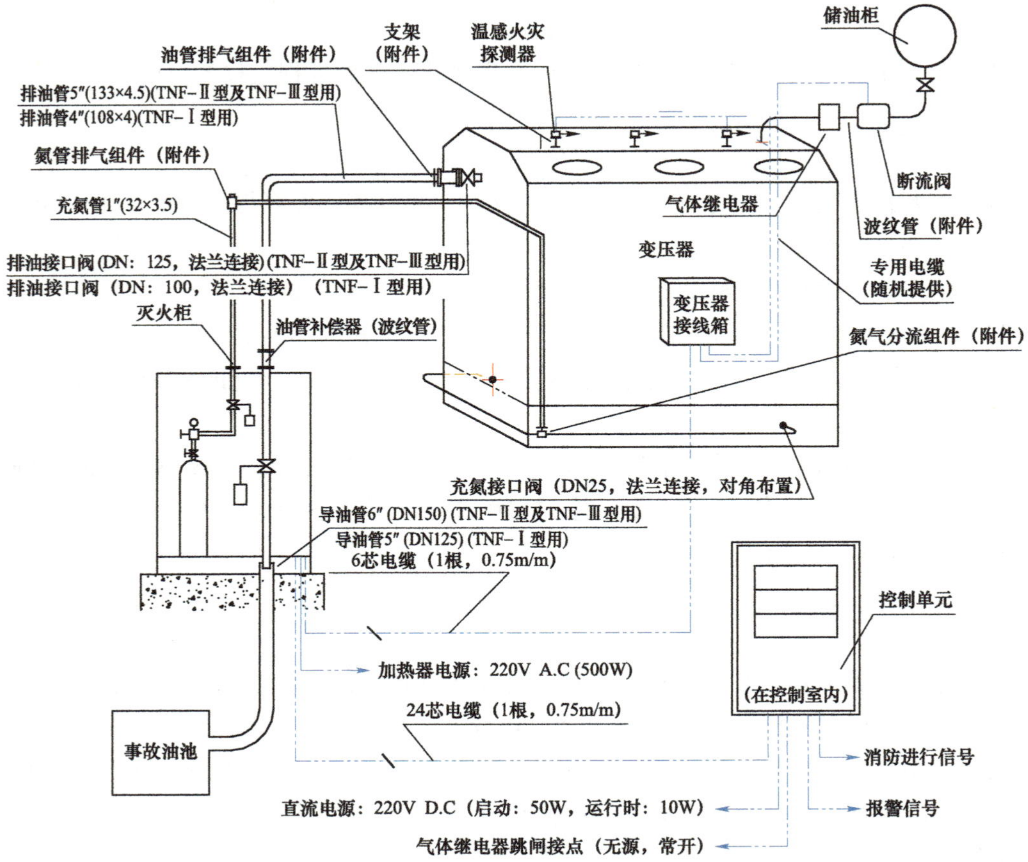

图 7–7　TNF 系列排油注氮装置总体布置

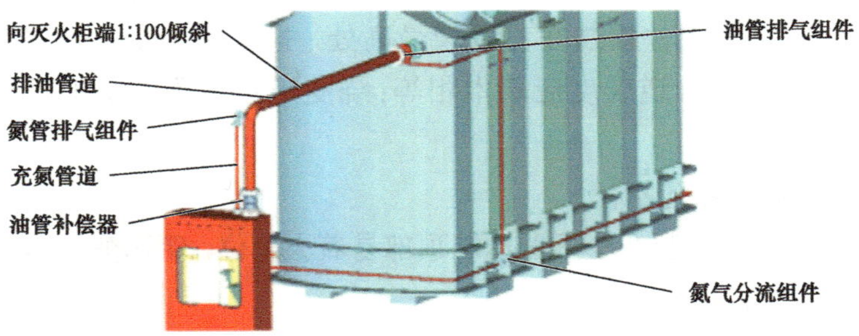

图 7–8　管道安装模型图

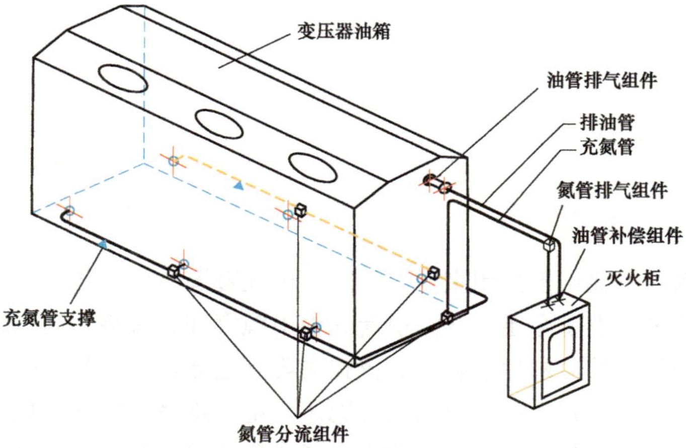

图 7-9 管道走向示意图

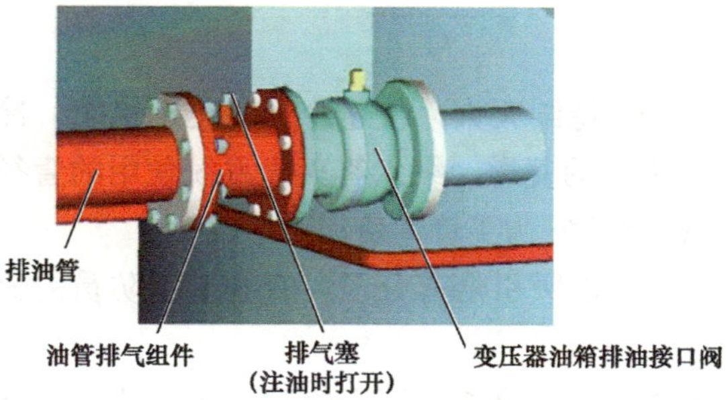

图 7-10 油管排气组件安装图

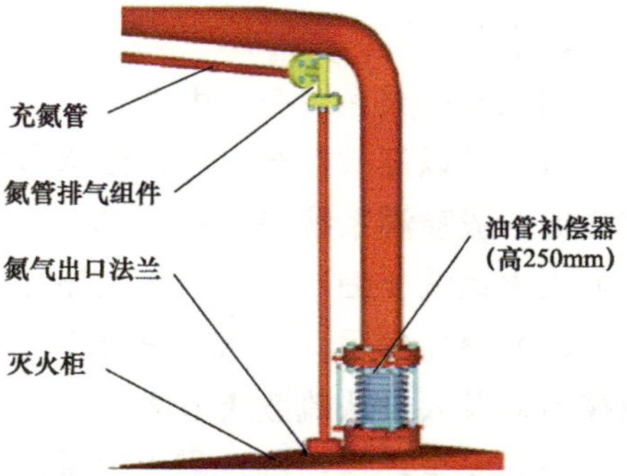

图 7-11 补偿器及氮管排气组件

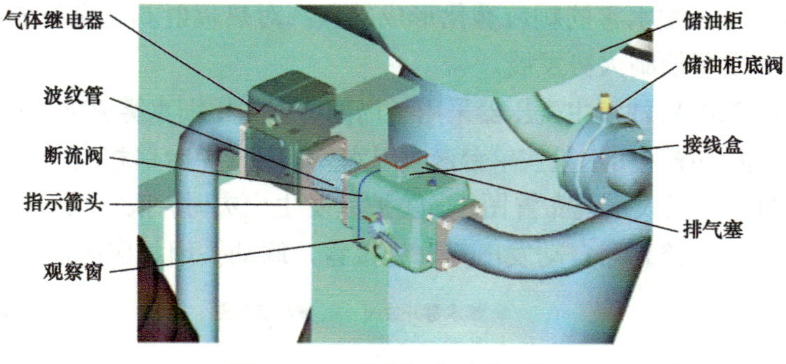

图 7-12 断流阀安装位置图

（2）温感火灾探测器布置。变压器厂在变压器顶盖最易引起火灾的地方（如套管、防爆阀或压力释放阀等）预置安装底座，用于固定温感火灾探测器支架，温感火灾探测器平卧在支架上用螺钉固定。图 7-13 为温感火灾探测器布置图。一般而言，大、中型三相变压器的每个套管之间及压力释放阀或防爆阀附近应至少安装一个温感火灾探测器。

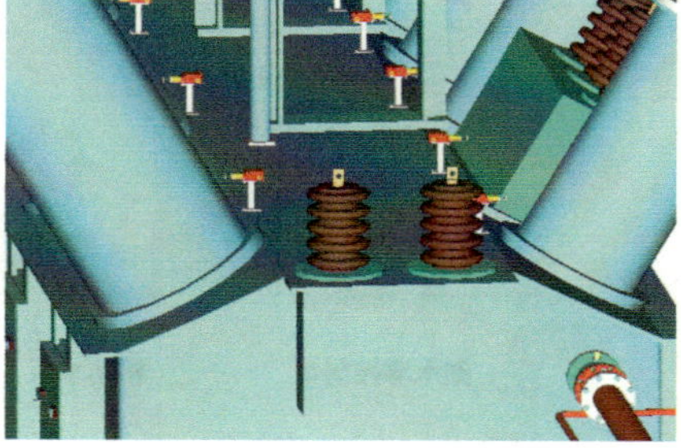
图 7-13 温感火灾探测器布置

7.4 变电站细水雾灭火系统工程应用

7.4.1 细水雾灭火系统概况

细水雾灭火系统主要用于封闭空间内消防。电缆隧道由于内部空间狭窄，通风散热条件差，一旦发生火灾，温度会迅速升高引起其他电缆燃烧、短路。高压细水雾灭火系统能够以最小的水量和强效的冷却性能将其火灾损失降到最低。变电站控制中心、电信机房等场所存在电器短路或系统超负荷引发的火灾隐患，电气绝缘材料的燃烧会产生大量的酸性烟雾和炭颗粒，这些烟尘散落在物体表面上可能导致电路短路、系统瘫痪。高压细水雾灭火系统能够抑制烟雾扩散，其微小的水雾还能够将烟尘吸附并降解在地面上，对电子设备损害较小。

细水雾灭火系统在应用中有以下优点：

（1）可以高效持续灭火：细水雾取水方便，可持续灭火，快速冷却和迅速绝氧，冷却速度比一般喷淋系统快 100 倍以上，有效防止火灾的复燃，细水雾灭火系统使用的管径比其他灭火系统要细，仅为 10～32mm，由此大范围节省购买管道费用。

（2）净化作用：细水雾灭火系统因水雾粒径小能吸引烟雾分子，有利于消防员的灭火救援活动及人员从疏散通道离开。

（3）安全环保：细水雾灭火系统是以雾化的水为灭火剂，属于物理灭火方式，对环境及周围人员，被防护设备均无污染或毒害作用。

（4）屏蔽热辐射：细水雾的颗粒雾化形成的蒸汽对热辐射具有良好的阻挡屏蔽作用，制止火灾蔓延，并立即控制火势发展。

某变电站三台 220kV 油浸主变压器采用了局部开式中压细水雾灭火系统，三台主变压器采用一套细水雾保护系统。用水量按单台最大用水量设备（单台单相主变压器）计算为 4L/s。

图 7－14 为细水雾灭火系统布置图，当防护区发生火灾时，报警系统的火灾探测器将火灾信号传送给控制器，控制器自动发出声、光报警，联动关闭相应的通风系统，起动防护

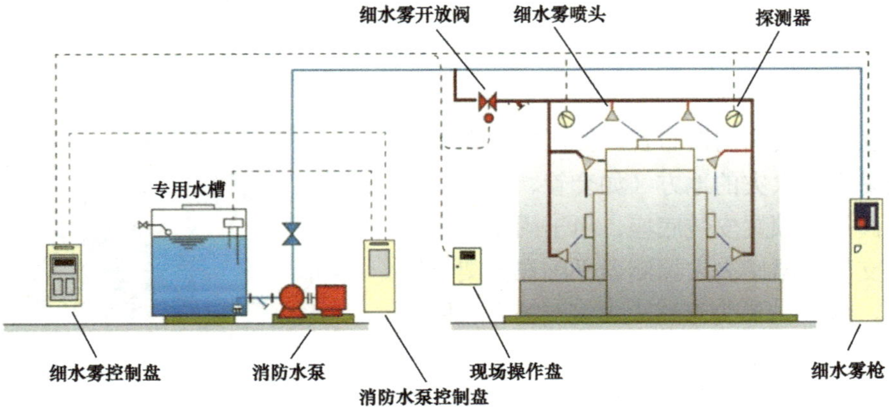

图 7－14 细水雾灭火系统布置图

区的区域阀和细水雾泵组，通过管道、开式喷头喷放中压细水雾，对主变压器实施灭火。整个系统可自动、电气手动和机械应急起动。

7.4.2 系统设计

本系统三台主变压器按同一时间内火灾次数为一次设计，系统包括两台细水雾泵，每台主变压器细水雾管道系统设置一个选择阀。主变压器本体、油枕及油坑均设有喷头保护。按上海市工程建设规范《油浸式电力变压器火灾报警与灭火系统技术规程》DG/TJ08－2022，系统设计流量为 360L/min；设计压力为 3.5MPa。设计喷雾强度为 1.30L/（min·m），持续喷雾时间为 30min，灭火响应时间不大于 45s，消防泵房面积为 $80m^2$。

在变压器本体周围布置细水雾环管，在管道上均匀布置开式中压细水雾喷头，使喷头喷射的水雾能完全包络变压器表面，隔绝空气，将火焰窒息熄灭，图 7－15 为系统动作流程图。

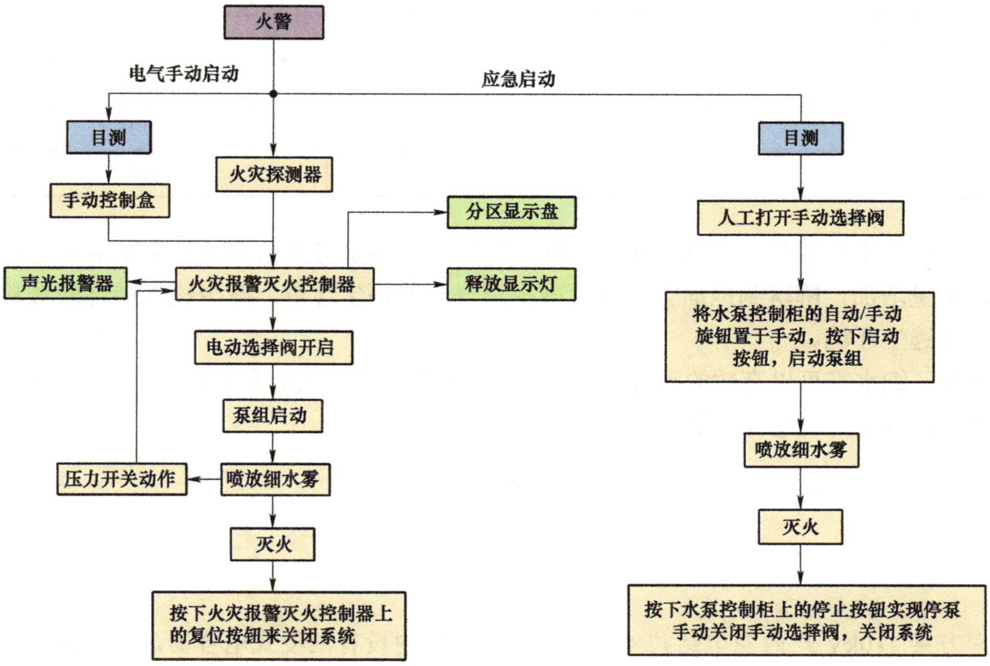

图 7－15　系统动作流程

在水喷雾灭火系统中，粒径为 0.3mm～0.7mm 左右，细水雾灭火系统中，雾滴直径通常在几十微米到几百微米之间，比水喷雾灭火系统更小的微粒使得接触表面积剧增。

由表 7－2 可知，雾滴数量减小，表面积翻倍增长，增加了雾滴与火焰的热交换，加上二次吸热雾化，一方面冷却燃烧反应，利用气化吸热冷却可燃物以及吸收热辐射降低热回馈，另一方面体积膨胀快速降低空气中的氧气浓度，抑制了燃烧中的氧化反应速度，窒息燃烧反应达到双重物理灭火的效果。与水喷雾灭火系统此两种原理基本相同，但是因为粒径减小数倍，效果较水喷雾好。

表 7-2　雾滴数量、直径与喷雾总表面积关系表

雾滴数量	平均雾滴直径	喷雾总表面
10^{12}	0.012	484
10^{11}	0.027	225
10^{9}	0.124	48
10^{4}	5.7	1

据表 7-3 数据分析，雾滴粒径从大到小，每减小一个数量级，汽化时间减小 100 倍，由此可知，水喷雾雾滴细化为细水雾雾滴后，汽化时间迅速缩短，在初期火灾灭火中起到了不可沽灭的作用。

表 7-3　雾滴直径、汽化时间和自由下落速度的关系

雾滴直径	汽化时间（s）	自由下落速度（m/s）
10.0mm	620	9.2
1.0mm	6.2	4.0
0.1mm	0.062	0.35
0.01mm	0.000 62	0.003

与水喷雾不同的是，燃烧的灰粒、烟尘颗粒可与细水雾灭火系统的细水滴黏合，体积增大，重量增加，降落到地面上，从而减少空气中的烟尘含量，减少进入肺部的颗粒污染物，改善逃生环境。

此外，细水雾可以高效的吸收电气火灾烟气中的 CO、HCL 和 HF，有效地防止电气火灾中的有毒成分对敏感元件的二次损害。

7.5　变电站户内七氟丙烷灭火系统工程应用

南方某 110kV 户内变电站共 4 个电容器室，室内设有油浸式电容器，火灾危险性分类为丙类，根据火灾性质及中国南方电网公司输变电工程标准设计，电容器室采用管网分配式内储压七氟丙烷气体灭火系统，并设置气瓶间。电容器室及气瓶间的初步布置如图 7-16 和图 7-17 所示。

通过计算，1～3 号防护区灭火剂用量基本相同，约为 200kg，查阅厂家样本，灭火剂充装量在 46～207kg/瓶之间，适当增加灭火剂充装量可减少气瓶数量，节省占地面积和投资，则 1～3 号防护区可采用 1 个或 2 个气瓶提供灭火剂，考虑到 1 个气瓶时充装量接近极限，且结合 4 号防护区的设计用量，选定灭火剂充装量为 105kg/瓶。

根据目前布置，流至 1～3 号防护区的灭火剂量为 204kg，0.8 倍的灭火剂体积为 $0.116m^3$，气瓶间至 3 号防护区的管道内容积为 $0.09m^3$，满足规范要求，同理，核算 4 号防护区布置亦满足要求。

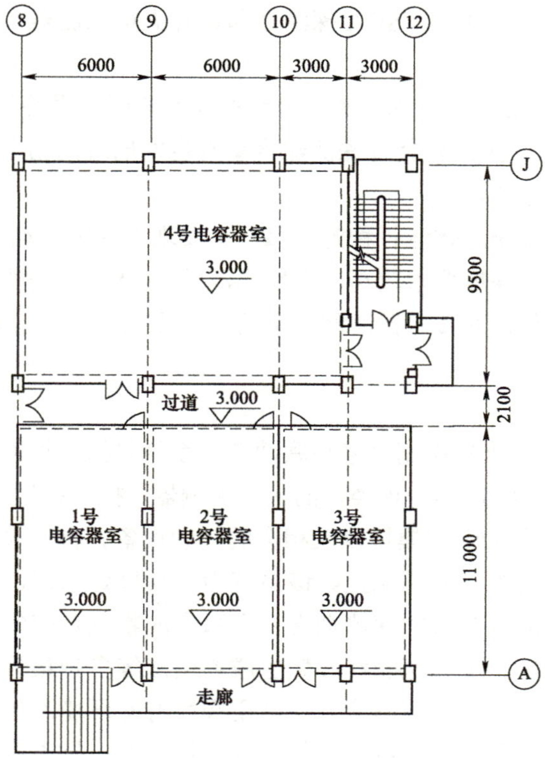

图 7-16　电容器室布置图

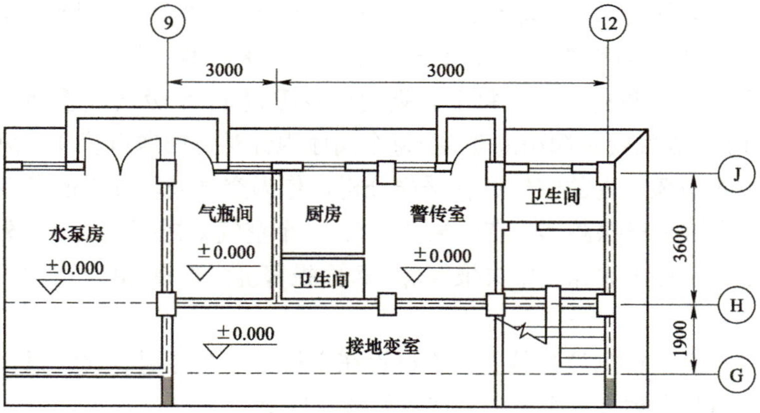

图 7-17　消防气瓶间布置图

7.6　换流站阀厅火灾报警系统工程应用

7.6.1　综述

2013－2014 年，国家电网公司在运的 29 座换流站均进行了阀厅火灾报警系统改造，阀厅火灾监视系统由报警改投跳闸，监视系统采用 VESDA 和紫外探测系统相结合方式，在每个阀厅内各安装 10 台左右的 VESDA 探测器和紫外火焰探测器，探测器监视信号接入直流控制保护系统。

跳闸条件为当 1 台 VESDA 探测器和 1 台紫外探测器同时报警且进气口 VESDA 探测器不报警时发出跳闸指令，当 2 台紫外探测器报警时也发出跳闸指令。跳闸出口逻辑采取 3 取 2 和系统切换相结合方式。

各站改造投运以来系统总体运行稳定可靠，未发现误动和拒动风险。因 VESDA 探测灵敏度和对空气滤网的洁净度要求较高，个别换流站 VESDA 探测器在出现紧急高气流和紧急低气流时误报警现象，对传感器滤网机型清洗或更换后未再出现误报警现象。

7.6.2 系统组成

换流站阀厅 VESDA 火灾探测报警与联动控制系统包括：报警控制器、紫外火焰探测器、极早期吸气式感烟探测器等各种类型的火灾探测器、报警按钮、通风空调的控制装置、消防设备的控制装置、输入/输出模块以及相会的辅助设备、材料等。

（1）吸气式感烟火灾探测系统配置。该系统为单独报警系统，采用能早期火灾探测报警的吸气式感烟系统，应能灵敏的探测烟雾、电弧生成物以及空气中的燃烧生成微粒。该系统，还包括温度、烟雾、电弧探测和燃烧生成物监测等多种报警装置，能极早发现阀厅火情，避免发生灾难性火灾。设备商应具备高压阀厅特殊环境深化设计的技术背景，根据吸气式感烟火灾探测器的具体性能特点提供详细的设计书，抗电磁干扰说明，与火灾报警系统的接口等技术文件，符合阀厅设计要求。

某换流站一套吸气式感烟探测系统典型设计，包括 1 个集中报警控制器（每个包括 50 个远程显示模块和 1 个编程模块）和吸气式感烟火灾探测器（约 50 台）。吸气式感烟探测系统应对阀所在区域进行监视，每个高端阀厅各配置 11 个吸气式感烟探测器，每个低端阀厅各配置 10 个吸气式感烟探测器，在每个阀厅内针对每根送风管和回风管设置空气采样探测器，其中对送风管内的空气进行采样分析，作为空气采样分析的参考值，每个阀厅各需 2 个这样的空气采样探测器。高低端阀厅共 23 个空气采样探测器。另外，在控制楼中主控室内配置空气采样火灾探测中央报警屏，每面报警屏内配置 50 个远程显示模块和 1 个编程模块。

系统单独有一套自检测控制装置，主机设在主控楼，并能通过火灾报警模块反馈火灾情况的级别及故障状态到火灾报警主机在主机显示屏上。

如果两种以上的探测装置或一个以上的探测区域发出报警，火灾探测报警与联动控制系统能向换流站后台辅控系统发出报警信号，由后台辅控系统经人工确认后闭锁并隔离换流阀。全部设备都应能对烟雾、电弧和燃烧生成物进行检测。

（2）阀厅其他火灾探测系统包括：① 紫外火焰探测器（约 56 个）；② 智能光电感烟探测器（约 52 个）；③ 火灾声光报警器（约 20 只）；④ 消防模块端子箱（约 12 台）；⑤ 火焰探测器。

火焰探测器配置如下：阀厅内配置高可靠、低误报的工业级紫外火焰探测器，重点保护阀厅内阀体及换流变高压套管，阀厅全部区域应在监控范围内，每个阀厅设置 14 只探测器，每个站共 4 个阀厅，共设置 56 只探测器。火焰探测器需符合阀厅的特殊环境使用，探测器外壳为金属材质制作，屏蔽性能应符合阀厅高压强磁场要求。为保证可靠接地，探测器必须有专用接地端子，外壳金属材料须为铝质或铜质。防护等级应为IP66，并有国家防护等级检验证书。视角范围 110°～120°，能在环境温度为50～60℃时长期工作。

图 7－18 为某换流站紫外探测器平面布置及设备覆盖网面图。

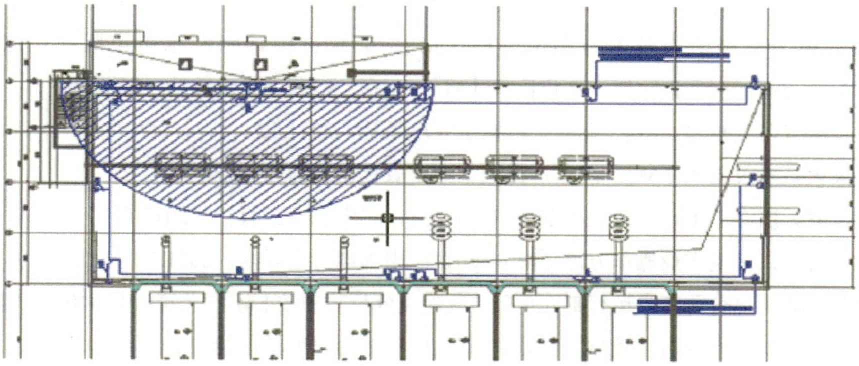

图 7-18　紫外探测器平面布置及设备覆盖网面图

此外，在阀厅内装有光电感烟探测器等，这些探测器形成附加探测区域，其报警信号报送火灾自动报警系统的集中报警控制器。

（3）火灾自动报警系统。包括可寻址显示/控制盘、可寻址的手动按钮、报警器、可寻址的燃烧生成物离子检测器并可与就地消防设备的连接。

1）显示、控制盘。该盘应是自封装的、嵌入式的，正面为玻璃面板的金属柜式结构，能容纳所有与火警系统有关的控制设备。

直流供电电池组及其充电器应安装在本箱柜内，盘的下面。该电池组在交流电源故障后应能提供 24h 的供电。在 24h 周期的最后，该电池组仍有足够的电力去触发报警。

2）手动按钮。根据平面布置提供手动按钮的布置方案（原则上在巡视走道门旁），需要通过业主、设计方确认，且必须满足规程、规范的要求，所有的按钮设备都应嵌装在距地面上方 1300～1500mm 的高度。每个手动报警按钮应具备电话插孔。每个按钮的执行元件的报警声响应同样应满足规程、规范的要求。

3）声光报警。根据平面布置图提供声光报警装置的布置方案，火灾声光报警器采用耐腐蚀材料制作，上面用中文标注“火灾报警”及英文“FIRE ALARM”字样，且需要通过业主、设计方确认，必须满足规程、规范的要求。

参 考 文 献

[1] 范明豪，李伟，武海澄等．变电站火灾风险分析与评估［M］．北京：中国电力出版社，2013.8.

[2] 赵健康．电力电缆防火技术与案例分析［M］．北京：中国水利水电出版社，2018.12.

[3] 山西省电力公司．电力消防安全知识读本［M］．北京：中国电力出版社，2008.6.

[4] 高庆敏．电气防火技术［M］．北京：机械工业出版社，2011.12.

[5] 魏东．灭火技术及工程［M］．北京：机械工业出版社，2013.1.

[6] 郭子东，罗云庆，王平，等．灭火剂［M］．北京：化学工业出版社，2015.8.

[7] 国家电网公司．带电作业操作方法［M］．北京：中国电力出版社，2011.3.

[8] 河南省驻马店供电公司变电运行部．变电站危险点分析与预控［M］．北京：中国电力出版社，2011.4.

[9] 曹孟州．电气安全作业培训教材［M］．北京：中国电力出版社，2012.5.

[10] 杨德才．锂离子电池安全性——原理、设计与测试［M］．电力科技大学出版社，2012.5.

[11] 国家电网公司运维检修部．直流换流站运维技能培训教材［M］．北京：中国电力出版社，2012.9.

[12] 国家电网公司运行分公司．特高压直流换流站岗位培训教材［M］．北京：中国电力出版社，2012.9.

[13] 河南省电力公司．输电线路运行与检修［M］．北京：中国电力出版社，2012.9.

[14] 胡毅，刘凯．输电线路遥感巡检与检测技术［M］．北京：中国电力出版社，2012.10.

[15] 张英华，黄志安．燃烧与爆炸学［M］．北京：冶金工业出版社，2010.5.

[16] 谢中朋．消防工程［M］．北京：化学工业出版社，2010.7.

[17] 郑端文．消防安全管理［M］．北京：化学工业出版社，2016.6（重印）.

[18] 许庆海．电力安全基本技能［M］．北京：中国电力出版社，2018.7.

[19] 杨有启，钮英建．电气安全工程（第二版）［M］．首都经济贸易大学出版社，2018.2.

[20] 国网浙江省电力有限公司．供电企业消防安全管理［M］．北京：中国电力出版社，2019.2.

[21] 黄国义．电力消防安全与火灾案例分析［M］．北京：中国电力出版社，2016.10.

[22] 朱亚平．细水雾灭火系统在220kV宛平地下变电站中的应用［J］．电气应用，2013，32（12）：59－62.

[23] 田珍，刁怀亮，李龙云，等．热气溶胶灭火系统在变电站的应用［J］．工业安全与环保，2014，40（01）：44－46.

[24] 孙哲，李彦斌，张民．直流换流站换流阀火灾监视系统及自动灭火方案［J］．电网技术，2015，39（10）：2836－2841.

[25] 赵庆平，俞颖飞．变电站灭火系统应用研究［J］．消防技术与产品信息，2013（10）：39－41.

[26] 于军，聂琼，贺虎，等．变电站主变消防泡沫喷雾远程监控系统的研发［J］．电力信息与通信技术，2016，14（05）：116－120.

[27] 王春力，贡丽妙，亢平，等．锂离子电池储能电站早期预警系统研究［J］．储能科学与技术，2018，7（06）：1152－1158.

[28] 潘俊锐，曹俊生．特高压直流换流站消防系统分析［J］．电气技术，2014（12）：95－97.

[29] 张纪．直流换流站的消防设计探讨［J］．武汉大学学报（工学版），2003，36（s2）：138－142.

[30] 吴田，刘凯，刘庭，等．山火对输电线路设备及外绝缘影响分析［J］．电力科学与技术学报，2013，

28（03）：83－89.

［31］张雪峰，韩俊玉，张云，等．山火诱发高压输电线路跳闸典型事故分析［J］．消防科学与技术，2016，35（03）：419－422.

［32］任贤达，刘佳琼，唐震，等．不同退火温度下输电导线疲劳性能的实验分析［J］．高压物理学报，2019，33（04）：214－218.

［33］钟源，易资兴．输电线路山火跳闸的原因及对策研究［J］．南方农机，2017，48（19）：79－83.

［34］郭俊，陆佳政，简洲，等．大范围山火引发电网故障下灭火装备优化布控方法研究［J］．电网技术，2018，42（08）：2687－2693.

［35］周特军，吴传平，陈海翔，等．湖南电网输电线路山火跳闸时空分布规律［J］．消防科学与技术，2019，38（03）：417－420.

［36］邢晓强，黄新波，纪超，等．基于多特征融合的输电线路山火识别预警系统设计与实现［J］．广东电力，2018，31（06）：107－113.

［37］唐波，李耀伟，叶莉，等．基于模糊综合评价法的输电线路山火遥感甄别算法［J］．中国电力：2019.

［38］赖世祺，吴凡，吴永利，等．基于气象雷达识别的输电线路山火预警系统［J］．电气应用，2017，36（16）：63－67.

［39］杨楠，刘晓波，杨健晟，等．基于输电线路监控的双目视觉山火检测技术的研究［J］．电力科学与工程，2018，34（07）：38－43.

［40］祝贺，刘程．山火导致输电线路间隙击穿特性的研究现状［J］．电瓷避雷器，2018（04）：150－159.

［41］祝贺，刘程．山火条件下特高压直流输电线路合成电场研究［J］．水电能源科学，2018，36（05）：197－200.

［42］何立夫，陆佳政，刘毓，等．输电线路山火可见光－红外多光源精准定位技术［J］．高电压技术，2018，44（08）：2548－2555.

［43］何康瑜．输电线路山火识别方法研究［J］．通讯世界，2016（19）：216－217.

［44］刘露露，吴铸，武建华，等．新型红外山火监测系统：全国第十五届红外加热暨红外医学发展研讨会，中国福建福州，2015［C］.